Gennaro   Sorrentino

RICERCA
SUI NUMERI
DIVISIBILI
PER TRE

Un omaggio a Nikola Tesla

Ricerca sui numeri divisibili per tre
© 2018 - Gennaro Sorrentino

ISBN | 978-88-27856-26-0

Youcanprint Self-Publishing
Via Marco Biagi 6, 73100 Lecce
www.youcanprint.it
info@youcanprint.it

«La filosofia è scritta in questo grandissimo libro che continuamente ci sta aperto innanzi a gli occhi (io dico l'universo), ma non si può intendere se prima non s'impara a intender la lingua, e conoscer i caratteri, ne' quali è scritto. Egli è scritto in lingua matematica, e i caratteri son triangoli, cerchi, ed altre figure geometriche, senza i quali mezi è impossibile a intenderne umanamente parola; senza questi è un aggirarsi vanamente per un oscuro laberinto.»

(Galileo Galilei, Il Saggiatore)

"Luca, non preoccuparti, in genere gli studenti non amano la matematica. Poi, col tempo, vedrai, questa disciplina non ti apparirà più così ostica". La mia era una bugia detta al mio nipotino Luca che frequentava la terza media. Sapevo che in seguito essa forse gli sarebbe apparsa ancora più astratta, priva di ogni legame con la realtà. Non per colpa sua.

(L'autore di questo libro)

INTRODUZIONE

NIKOLA TESLA

La presente ricerca parte dalla mia "scoperta" di uno dei più grandi inventori di tutti i tempi, Nikola Tesla. La sua storia, le sue numerose invenzioni in molti campi della scienza e della tecnica, in particolare in quello dell'elettricità e dell'elettromagnetismo, i suoi centinaia di brevetti riconosciutigli nel corso della sua vita, ma soprattutto l'ingratitudine dimostrata nei suoi confronti dai posteri che lo hanno quasi completamente dimenticato, hanno suscitato la mia curiosità e il mio desiderio di approfondirne la personalità.

"Se si vogliono trovare i segreti dell'universo, è necessario pensare in termini di energia, di frequenza e vibrazione", scrisse Tesla.

Nato in Croazia nella metà del 1800, si laureò in ingegneria, emigrò negli Stati Uniti dove andò a lavorare nel laboratorio del famoso Edison, sostenitore della corrente continua. Con lui Tesla entrò in contrasto e se ne allontanò, perché aveva scoperto la corrente alternata. Edison decisamente si rifiutò di accettarne la validità. Ebbe ragione Tesla. Da allora strade, palazzi, paesi interi si illuminarono, seguendo il procedimento inventato da Tesla. Il cui genio si diffuse in molti campi. Verso la fine del 1800 realizzò una centrale idroelettrica che sfruttava le cascate del Niagara, costruendo un motore a corrente alternata che funzionava come generatore elettrico, indipendentemente dalle scoperte del contemporaneo

Galileo Ferraris. Anticipò di due anni la telegrafia senza fili, entrando in contrasto e in causa con Guglielmo Marconi, che ne vantava la paternità. La Corte Suprema USA diede ragione a Tesla. Dalle sue intuizioni geniali nacquero il tubo catodico dei vecchi televisori, il tachimetro per le automobili, il radar per il controllo del traffico aereo. Sono, queste, solo alcune delle sue scoperte che cominciarono a cambiare la vita degli uomini.

Trascorse l'ultima parte della sua vita come un ascetico eremita a New York, dove morì in povertà durante il secondo conflitto mondiale.

Dopo la sua morte si seppe che alcuni suoi progetti non furono capiti dai suoi contemporanei, per cui rimasero incompleti, come il progetto per il motore a razzo e quello sull'energia solare. Si interessò, inoltre, all'antigravità e ai viaggi nel tempo.

Come quasi tutti i più grandi geni della storia, Tesla nutriva un interesse particolare per i numeri, soprattutto per i numeri 3, 6 e 9. Tanto che affermò:

"Se tu conoscessi la magnificenza del tre, del sei e del nove, potresti avere la chiave per l'universo".

Tesla sosteneva innanzitutto che noi non abbiamo creata la matematica, ma l'abbiamo solo scoperta, e che essa rappresenta il linguaggio e la legge universale. Così come abbiamo scoperto i modelli nella vita biologica, nelle galassie, nell'evoluzione e in quasi tutti i sistemi naturali. Uno di questi modelli è la sezione aurea: dato un segmento, si ottiene una sezione aurea quando il tratto più corto sta al tratto più lungo come il tratto più lungo sta al segmento intero.

Un altro modello. Lui riteneva che le cellule e gli embrioni si sviluppano, secondo un altro modello, che partendo con il numero 1 continua raddoppiando progressivamente: 1, 2, 4, 8, 16, 32, 64, 128, 256…e che all'interno di questo modello si sviluppa la sequenza: **1, 2, e 4; 8, 7 e 5**.

1 raddoppiato dà **2**; 2 raddoppiato dà **4**; 4 raddoppiato dà **8**; 8 raddoppiato dà 16 (1+6=**7**); 16 raddoppiato dà 32 (3+2=**5**); 32 raddoppiato dà 64 (6+4=10, con totale **1**, con cui si ripete la sequenza) e così via.

Seguendo il modello del raddoppio del numero, i tre numeri a cui lo scienziato era affezionato in modo quasi ossessivo, cioè 3, 6, 9, si possono dividere in due procedimenti:

a) **3** raddoppiato dà **6**; 6 raddoppiato dà 12 (1+2=**3**); 12 raddoppiato dà 24 (2+4=**6**); 24 raddoppiato dà 48 (4+8=12, 1+2=**3**); 48 raddoppiato dà 96 (9+6=15, 1+5=**6**); 96 raddoppiato dà 192 (12, 1+2=**3**); 192 raddoppiato dà 384 (15, 1+5=**6**) ecc.. **(3, 6, 3, 6, 3, 6, 3, 6…)**

b) **9** raddoppiato dà 18 (1+8=**9**); 18 raddoppiato dà 36 (3+6=**9**); 36 raddoppiato dà 72 (2+7=**9**); 72 raddoppiato dà 144 (1+4+4=**9**); 144 raddoppiato dà 288 (2+8+8=18, 1+8=**9**), ecc.. **(9, 9, 9, 9, 9, 9…)**.

Egli attribuiva ai tre numeri, 3, 6, e 9, un potere magico e aveva una devozione per tutti i numeri divisibili per 3. Si dice che quando prendeva una stanza d'albergo pretendeva che essa avesse un numero divisibile per 3. Non si è mai saputo il motivo di questa sua preferenza.

Diventò famosissimo negli Stati Uniti, dove fu molto amato e apprezzato per le sue invenzioni, ma dove ci furono anche alcuni suoi detrattori che lo considerarono un personaggio stravagante e inaffidabile per la sua personalità eccentrica e che gli attribuirono persino un disturbo ossessivo compulsivo..

Certamente Tesla contribuì alla nascita della seconda rivoluzione industriale

LA MIA RICERCA

Guida alla lettura

Scopo della ricerca

Lo scopo di questa ricerca è quello di individuare nelle varie operazioni svolte i numeri divisibili per 3 e la presenza dei numeri 3, 6 e 9.

Struttura del lavoro

Il lavoro svolto è diviso in parti e capitoli.

La prima parte è divisa in quattro capitoli:

quattro tipologie di numeri, perfetti; di Mersenne; amicabili e triangolari.

La seconda parte è divisa in tre capitoli:

numeri primi; le successioni di Fibonacci e di Lucas; osservazioni sui numeri di Fibonacci.

La terza parte è divisa in cinque capitoli (tutta dedicata ai numeri naturali):

distanze tra numeri naturali con operazioni di sottrazione, addizione e moltiplicazione;

divisibilità nelle distanze tra somme di numeri e progressioni;

riduzione alla Minima Comune Distanza dei prodotti tra numeri;

potenze dei numeri;

riduzione alla Minima Comune Distanza delle radici.

Il fascino misterioso dei numeri

I numeri cari a Tesla (la triade 3, 6, 9; i numeri divisibili per 3) sono molto diffusi nelle conclusioni delle operazioni svolte in questa ricerca. Peraltro non sfugge a chi ama i numeri il fascino dei risultati di alcune operazioni. Come quella che vede numeri non divisibili per 3, i quali, diminuiti o aumentati della somma delle loro cifre interne, o moltiplicati per la somma delle loro cifre interne, oppure sommati tra loro, risultano numeri divisibili per 3. Un fascino anche misterioso, come quello di tutto il campo dei numeri. Come se la divisibilità per 3 fosse un elemento già in fieri nel numero, senza farsi scoprire, per poi rivelarsi misteriosamente.

Studio dei fenomeni non fisici

Nicola Tesla affermò: "La scienza il giorno che comincerà a studiare i fenomeni non-fisici, farà più progressi in un decennio che in tutte i precedenti secoli della sua esistenza".

In questa ricerca sono presenti quattro originali e apparentemente stravaganti operazioni che rispondono a tale affermazione:
1) la stazione ferroviaria con i suoi tre ingressi per la partenza dei treni di numeri;
2) l'orologio numerico;
3) la riduzione alla Minima Comune Distanza dei prodotti di numeri;
4) la riduzione alla Minima Comune Distanza delle radici.

Sarà mai costruito un orologio numerico, in cui la divisione della durata del tempo si fonda sulla serie infinita dei numeri naturali, senza interventi di correzione sulla misura della durata dei mesi, anni, secoli, come quello per l'anno bisestile, per l'aggiornamento delle fasi lunari, per la regolazione ogni 100 anni del calendario perpetuo? O esso rimarrà pura fantasia?

Sarà mai accettata, in campo matematico, l'idea rivoluzionaria, ancorché bizzarra, della riduzione alla Minima Comune Distanza dei prodotti dei numeri e quella delle radici? O essa rimarrà solo una misura adottata nelle scienze delle costruzioni?

INDICE

PARTE PRIMA

Cap. I

Numeri perfetti

14

Il numero **perfetto** è un numero naturale diverso da 1 e uguale alla somma dei suoi divisori positivi escluso se stesso. L'unità va compresa tra i divisori.

Si precisa che i divisori del numero perfetto non sono le sue cifre interne, a cui nella presente ricerca si dà il nome di DNA.

Per esempio il 6, ha come divisori 1,2,3 che sommati danno esattamente 6. Esso è quindi uno tra i pochi numeri perfetti. Il secondo numero perfetto è 28, i cui divisori sono 1, 2, 4, 7 e 14, che sommati danno esattamente 28.

Particolare importanza dettero i Pitagorici alla qualità del numero in relazione alla somma dei suoi divisori, considerando perfetti quei rari numeri che uguagliano appunto tale somma. A essi nell'antichità venivano anche attribuite proprietà magiche e misteriose.

Dei numeri perfetti si occuparono anche Euclide, nei suoi *Elementi*, e il neopitagorico Nicomaco di Gerasa nella sua *Introduzione aritmetica*.

E' difficile trovare i numeri perfetti. Da 1 a 100.000 ci sono soltanto 4 numeri perfetti: 6, 28, 496 e 8128.

Essi sono rari e affascinanti, come osservava il matematico francescano Luca Pacioli nel XV secolo nella sua *Summa de Arithmetica Geometria Proportioni et Proportionalità:*

"Ancora si comme fra la gente più imperfecti e tristi che buoni e perfecti si trovano e li buoni sono pochi e rari: così fra li numeri pochi e rari sono li perfecti e molti e assai sonno li imperfecti: cioè superflui e diminuiti".

I numeri perfetti godevano di una particolare importanza anche nella cultura ebraica come dimostra il fatto che, secondo l'ebraismo, il Mondo era stato creato in 6 giorni e il calendario ebraico si basava sul mese lunare, di 28 giorni. Le proprietà matematiche e religiose di questi numeri perfetti vennero sottolineate in seguito anche da alcuni commentatori cristiani. Nel suo celebre trattato *"La città di Dio"*, Sant'Agostino scrisse:

"Sei è un numero perfetto in sé stesso, e non perché Dio ha creato tutte le cose in sei giorni. Anzi è vero l'opposto: Dio ha creato tutte le cose in sei giorni proprio perché questo è un numero perfetto".

Se sommando i divisori propri di un numero, cioè tutti i suoi divisori, tranne il numero stesso, si ottiene un numero che è più grande o più piccolo del numero considerato, si hanno due casi: nel primo caso si ha un numero **abbondante**, nel secondo un numero **deficiente (o difettivo)**.

Esempi: 30 è un numero abbondante, perché la somma dei suoi divisori, che sono 1, 2, 5, 10 e 25, risulta 42;

50 è un numero deficiente o difettivo, perché la somma dei suoi divisori, che sono 1, 2, 5, 10 e 15, risulta 43.

Nella nostra ricerca saranno individuati i numeri divisibili per 3 nei risultati di alcune operazioni aritmetiche. Con la stessa premura con cui lo scienziato Tesla amava trattarli.

<u>**Metodologia della ricerca**</u>

La ricerca sui numeri perfetti, con lo sguardo rivolto alle loro cifre interne, si svolge attraverso questo schema:

1) distanze, in linea verticale, tra i numeri perfetti consecutivi;

2) i numeri perfetti **diminuiti** della somma delle loro rispettive cifre interne;

3) distanze, in linea verticale, tra i numeri perfetti **diminuiti** della somma delle loro rispettive cifre interne;

4) i numeri perfetti **aumentati** della somma delle loro rispettive cifre interne;

5) distanze, in linea verticale, tra i numeri perfetti **aumentati** della somma delle loro rispettive cifre interne;

6) i numeri perfetti **moltiplicati** per la somma delle loro rispettive cifre interne;

7) distanze, in linea verticale, tra i numeri perfetti **moltiplicati** per la somma delle loro rispettive cifre interne;

8) i numeri perfetti **elevati al quadrato;**

9) distanze, in linea verticale, tra i numeri perfetti **elevati al quadrato**

I primi 12 numeri perfetti oggetto della ricerca

6

28

496

8128

33550336

8589869056

137438691328

2305843008139952128

2658455991569831744654692615953842176

191561942608236107294793378084303638130997321548169216

13 164 036 458 569 648 337 239 753 460 458 722 910 223 472 318
3 86 943 117 783 728 128

14 474 011 154 664 524 427 946 373 126 085 988 481 573 677 491
4 74 835 889 066 354 349 131 199 152 128
I numeri perfetti finiscono con cifra pari.
La somma delle cifre del numero perfetto non risulta un numero divisibile per 3.

Distanze, in linea verticale, tra i numeri perfetti

496-28=468 (somma cifre **18**)

8128-496=7632 (somma cifre **18**)
33550336-8128=33542208 (somma cifre **27**)

8589869056-33550336=8556318720 (somma cifre **45**)

137438691328-8589869056=128848822272 (somma cifre **54**)

2305842870701260800-137438691328=2305842870701260800 (somma cifre **63**)

2658455991569831744654692615953842176-2305842870701260800=2658455991569831742348849607813890048 (somma cifre **189**)

191561942608236107294793378084303638130997321548169216-2658455991569831742348849607813890048=191561942608236104636337386514471893476304705594327040 (somma cifre **225**)

13 164 036 458 569 648 337 239 753 460 458 722 910 223 472 318 3 86 943 117 783 728 128-191561942608236107294793378084303638130997321 548169216=131640364583780863946315173531639295321391686 8025594579 6235558912 (somma cifre **297)**

14 474 011 154 664 524 427 946 373 126 085 988 481 573 677 491 4 74 835 889 066 354 349 131 199 152 128-
13 164 036 458 569 648 337 239 753 460 458 722 910 223 472 318 386 943 117 783 728 128=144740111546513603914878034777487 472281132187 685646124167479674060134154240000 (somma cifre **315)**
La distanza, in linea verticale, tra i numeri perfetti è un numero che termina con cifra pari e risulta divisibile per 3.

Numero perfetto diminuito della somma delle sue cifre interne

6

28-10=18 (somma cifre **9**)

496-19=477 (somma cifre **18**)

8128-19=8109 (somma cifre **18**)

33550336-28=333550308 (somma cifre **39**)

8589869056 -65=8589968991 (somma cifre **51**)

137438691328 -55=1374386691273 (somma cifre **48**)

2305843008139952128-73=2305843008139952055 (somma cifre **72**)

2658455991569831744654692615953842176-190=
2658455991569831744654692615953841986 (somma cifre **198**)

191561942608236107294793378084303638130997321548169216
-235=
191561942608236107294793378084303638130997321548168981
(somma cifre **243**)

13 164 036 458 569 648 337 239 753 460 458 722 910 223 472 318
386 943 117 783 728 128-
289=13164036458569648337239753460458722910223472318386 9
4311 7783727839 (somma cifre **297**)

14 474 011 154 664 524 427 946 373 126 085 988 481 573 677 491
474 835 889 066 354 349 131 199 152 128-352=
14474011154664524427946373126085988481573677491474835 88
906635434913 1199151776 (somma cifre **360**)

Il numero perfetto diminuito della somma delle sue cifre interne risulta un numero divisibile per 3.

Distanze, in linea verticale, tra i numeri perfetti diminuiti della somma delle loro rispettive cifre interne

477-28=449 (somma cifre **18**)

8109-477=7632 (somma cifre **18**)

33550308-8109=33542199 (somma cifre **36**)

8589868992-33550308=8556318684 (somma cifre **54**)

137438691273-8589868992=137438691273 (somma cifre **54**)

2305843008139952055-137438691273=2305842870701260782
(somma cifre **72**)

2658455991569831744654692615953841986-
2305843008139952055=
2658455991569831742348849607813889931(somma cifre **198**)

191561942608236107294793378084303638130997321548168981-
2658455991569831744654692615953841986=
191561942608236104636337386514471893476304705594326995
(somma cifre **243**)

13164036458569648337239753460458722910223472318386943117783727839-
191561942608236107294793378084303638130997321548168981=
131640364583780863946315173531639295321391686802559457962355558858 (somma cifre **306**)

1447401115466452442794637312608598848157367749147483588906635434913119 9151776-
13164036458569648337239753460458722910223472318386943117783727

839=14474011154651360391487803477748748728113218768564
6 124167479674060 13415423937 (somma cifre **333**)
*Le distanze, in linea verticale, tra i numeri perfetti diminuiti della
somma delle loro rispettive cifre interne risultano un numero
divisibile per 3.*

Numero perfetto aumentato della somma delle sue cifre interne

6

28+10=38 (somma cifre **11**)

496+19=515 (somma cifre **11**)

8 128+19=8147 (somma cifre **20**)

33 550 336+28=33550364 (somma cifre **29**)

8 589 869 056+64=8589869120 (somma cifre **56**)

137 438 691 328+55=137438691383 (somma cifre **56**)

2 305 843 008 139 952 128+73 = 2305843008139952201 (somma
cifre **65**)

2 658 455 991 569 831 744 654 692 615 953 842 176+190=
2658455991569831744654692615953842366 (somma cifre **191**)

191 561 942 608 236 107 294 793 378 084 303 638 130 997 321 54
8 169 216+235=19156194260823610729479337808430363813099
7321548169451 (somma cifre **236**)

13 164 036 458 569 648 337 239 753 460 458 722 910 223 472 318
386 943 117 783
728 128+289=1316403645856964833723975346045872291022347
2318386 9431117783728417 (somma cifre **290**)

14 474 011 154 664 524 427 946 373 126 085 988 481 573 677 491 474 835 889 066 354 349 131 199 152 128+352=1447401115466452442794637312608598848157367749147483588906635434913119 9152480 (somma cifre **353**)
Il numero perfetto aumentato della somma delle sue cifre interne non risulta un numero divisibile per 3.

Distanze, in linea verticale, tra i numeri perfetti aumentati della somma delle loro rispettive cifre interne

515-38=477 (somma cifre **18**)

8147-515=7632 (somma cifre **18**)

33550364-8147=33542217 (somma cifre **27**)

8589869120-33550364=8556318756 (somma cifre **54**)

137438691383-8589869120=128848822263 (somma cifre **54**)

2305843008139952201-137438691383=2305842870701260818 (somma cifre **72**)

2658455991569831744654692615953842366-2305843008139952201=2658455991569831742348849607813890165 (somma cifre **189**)

191561942608236107294793378084303638130997321548169451-2658455991569831744654692615953842366=191561942608236104636337386514471893476304705594327085 (somma cifre **234**)

13164036458569648337239753460458722910223472318386943117783728417-191561942608236107294793378084303638130997321548169451=131640364583780863946315173531639295321391686802559457962355558966 (somma cifre **306**)

14474011154664524427946373126085988481573677491474835889066354349131199152480-13164036458569648337239753460458722910223472318386943117783728417=14474011154651360391487803477748748728113218768564612416747967406013415424063 (somma cifre **324**)

Le distanze, in linea verticale, tra i numeri perfetti aumentati della somma delle loro rispettive cifre interne risultano un numero divisibile per 3.

Numero perfetto moltiplicato per la somma delle sue cifre interne

6

28x10=280 (somma cifre **10**)

496x19=9424 (somma cifre **19**)

8128x19=154432 (somma cifre **19**)

33550336x28=939409408 (somma cifre **46**)

8589869056x64=549751619584 (somma cifre 64)

137438691328x55=7559128023040 (somma cifre **46**)

2305843008139952128x73=168326539594216505344 (somma cifre **91**)

2658455991569831744654692615953842176x190=50510663839826803148439159703123 0013440 (somma cifre **145**)

191561942608236107294793378084303638130997321548169216x235=450170565129354852142764438498113549607843705638197 65760 (somma cifre **253**)

13 164 036 458 569 648 337 239 753 460 458 722 910 223 472 318
386 943 117 783 728 128x289=
38044065365266283694622887500725709210545835000138265 61
039497428992 (somma cifre **289**)

14 474 011 154 664 524 427 946 373 126 085 988 481 573 677 491
474 835 889 066 354 349 131 199 152 128x352=5094851926441 91
25986371233403822679455139344769991422329513356730894182
101549056 (somma cifre **352**)
*Il numero perfetto moltiplicato per la somma delle sue cifre
interne non risulta un numero divisibile per 3.*

Distanze, in linea verticale, tra i numeri perfetti moltiplicati per la somma delle loro rispettive cifre interne

9424-280=9144 (somma cifre **18**)

154432-9424=145008 (somma cifre **18**)

939409408-154432=939254976 (somma cifre **54**)

549751619584-939409408=548812210176 (somma cifre **45**)

7559128023040-549751619584=7009376403456 (somma cifre **54**)

168326539594216505344-
7559128023040=168326532035088482304 (somma cifre **81**)

50510663839826803148439159703 1230013440-
168326539594216505344=
50510663839826803131606505744370 13508096 (somma cifre **153**)

45017056512935485214276443849811354960784705638 1976576
0-505106638398268031484391597031230013440=
45017056512935484709169805451543234763927735325 8975230
(somma cifre **243**)

3804406536526628369462288750072570921054583500013826561
0394974289924501705651293548521427644384981135496078437
0563819765760=
3804406536481611312949353264858294477204772145053042190
475677663232 (somma cifre **279**)

5094851926441912598637123340382267945513934476999142232
951356730894182101549056-
3804406536526628369462288750072570921054583500013826
561039497428992=509485192643810819210059671201280565676
3861906078087649451342904333142604120064 (somma cifre
315)
*Le distanze, in linea verticale, tra i numeri perfetti moltiplicati per
la somma delle loro rispettive cifre interne risultano un numero
divisibile per 3.*

Numeri perfetti elevati al quadrato

6

28^2=784 (somma cifre **19**)

496^2=614656 (somma cifre **28**)

8128^2=66064384 (somma cifre **37**)

33550336^2=1125625045712896 (somma cifre **64**)

8589869056^2=73785850399226331136 (somma cifre **91**)

137438691328^2=18889393873953262403584 (somma cifre **118**)

2305843008139952128^2=531691197818790333562662864613172
8384 (somma cifre **172**)

$2658455991569831744654692615953842176^2$=7067388825911353
7312203207

839508118631205775474686154970915275376716414976 (somma cifre **325**)

1915619426082361072947933780843036381309973215481692 16^2=3669597785584114418577313420626229167373325571295580 9 4266859750925 60355367196508549610054801830161370054656 (somma cifre **478**)

13 164 036 458 569 648 337 239 753 460 458 722 910 223 472 318 386 943 117 7
83 728 128^2=17329185588255092872365088650894059547774 13 963009061409 26448804242881247262614068955848330070130303431292 11350 7072019730618384384 (somma cifre **451**)

14 474 011 154 664 524 427 946 373 126 085 988 481 573 677 491 474 835 889 06
6 354 349 131 199 152 128^2=2094969989053530796808441405 96 96634573940246555948149157616320755189358710708892481 37 0252775432507090645443316768609825541811531325882402 686 3106086928384 (somma cifre **703**)
I numeri perfetti elevati al quadrato non risultano un numero divisibile per 3.

Distanze, in linea verticale, tra i numeri perfetti elevati al quadrato

614656-784=613872 (somma cifre **27**)

66064384-614656=65449728 (somma cifre **45**)

1125625045712896-66064384=1125624979648512 (somma cifre **72**)

737858503992263311 36-
1125625045712896=7378472477 48061 8240 (somma cifre **90**)

26

188893938739532624035 84-737858503992263311 36=
18815608023554036072448 (somma cifre **90**)

53169119781879033356266286461317 28384-
188893938739532624035 84=
5316911978187884446232754692869324800 (somma cifre **180**)
706738825911353731220320783950811863120577547468615 4970
915275376716 41
4976-53169119781879033356266286461317 28384=
706738825911353731220320783950811862588886349649825 1635
2886467305846865 92 (somma cifre **351**)

366959778558411441857731342062622916737332557129558 0942
66859750925 60
3553671965085496100548018301613700546 56-
706738825911353731220320 7
839508118631205775474686154970915275376716414976=
366959778558411441857731342062622846063449965994184 9722
347813558444 17
2416142103386345508388655478465363968 0 (somma cifre **504**)

173291855882550928723650886508940595477741396300906 1409
264488042428812472626140689558483300701303034312921 1350
7072019730618384384-
366959778558411441857731342062622916737332557129558 0942
668597509256035536719650854961005480183016137005465 6=
173291855882550928723614190531084754333555623166699 8786
347750709871 682
914531873829807557697147631069227425034522701895692 4832
9728 (somma cifre **612**)

209496999890535307968084414059696634573940246555948 14
915761632075518935871070889248137025277543250709064 5443
31676860982554181153132588240268631060869283 84-
173291855882550928723650886508940595477741396300906 1409
264488042428812472626140689558483300701303034312921 1350
7072019730618384384=

2094969989053530796808439673051104631884737419085949826
3556772981049728620094799836489828487307780829238547731
935602812511468402114531695484337546854 4000 (somma cifre
729)
Le distanze, in linea verticale, tra i numeri perfetti elevati al quadrato risultano un numero divisibile per 3.

<u>**Conclusioni della ricerca sui numeri perfetti**</u>

1) I numeri perfetti finiscono con cifra pari.
La somma delle cifre del numero perfetto non risulta un numero divisibile per 3.

2) Le distanze, in linea verticale, tra i numeri perfetti risultano un numero che termina con cifra pari e risulta divisibile per 3.

3) Il numero perfetto diminuito della somma delle sue cifre interne risulta un numero divisibile per 3.

4) Le distanze, in linea verticale, tra i numeri perfetti diminuiti della somma delle loro rispettive cifre interne risultano un numero divisibile per 3.

5) Il numero perfetto aumentato della somma delle sue cifre interne non risulta un numero divisibile per 3.

6) Le distanze, in linea verticale, tra i numeri perfetti aumentati della somma delle loro rispettive cifre interne risultano un numero divisibile per 3.

7) Il numero perfetto moltiplicato per la somma delle sue cifre interne termina con cifra pari e non risulta un numero divisibile per 3.

8) Le distanze, in linea verticale, tra i numeri perfetti moltiplicati per la somma delle loro rispettive cifre interne risultano un numero che termina con cifra pari ed è divisibile per 3.

9) I numeri perfetti elevati al quadrato finiscono con cifra pari e non risultano un numero divisibile per 3.

10) Le distanze, in linea verticale, tra i numeri perfetti elevati al quadrato risultano un numero divisibile per 3.

CAP. II

Numeri di Mersenne

I numeri di Mersenne sono detti anche numeri primi del tipo 2-1. Essi si possono esprimere nella formula 2^N-1; cioè un numero con esponente un numero primo (N) -1. Si può anche dire che un numero di Mersenne si indica con Mp, cioè un numero naturale del tipo $Mp=2^p-1$, con p un numero primo qualsiasi.

Costruzione dei numeri primi di Mersenne:

i primi numeri **primi** di Mersenne sono 3 (con p=2; $2^2-1=4-1=3$), 7 (con p=3; $2^3-1=8-1=7$), 31 (con p=5; $2^5-1=32-1=31$), 127 (con p =7; $2^7-1=128-1=127$), ecc.

Essi sono collegati con i numeri perfetti.

Nato da umili genitori, Marin Mersenne fu educato presso il collegio gesuitico di La Flèche, frequentato anche da Cartesio, di cui divenne amico. Conobbe, di persona o per corrispondenza, Hobbes, Fermat, Torricelli e i più grandi esponenti della cultura del suo tempo.

Scienziato, teologo e filosofo francese, vissuto tra il 1500 e il 1600 a Parigi, Marin Mersenne entrò nell'ordino dei Minimi per insegnare filosofia. Si stabili poi definitivamente nel convento parigino dell'Annunziata.

Lo scienziato è oggi ricordato per i numeri di Mersenne, ma egli non ebbe la matematica come centro delle sue attività, invece scrisse soprattutto di teoria musicale e teologia.

Il più noto dei suoi lavori è l'*Harmonie universelle*, sulla teoria della musica e degli strumenti musicali.

Questo libro contiene la legge di Mersenne, che mette in relazione la frequenza di oscillazione con la tensione della corda. La frequenza è:

inversamente proporzionale alla lunghezza della corda (principio già noto agli antichi e che venne attribuito a Pitagora);

proporzionale alla radice quadrata di tensione della corda;

inversamente proporzionale alla radice quadrata della massa per la lunghezza.

Anche nello studio dei numeri di Mersenne la presente ricerca è rivolta alla individuazione dei numeri divisibile per 3, in seguito ai risultati di alcune operazioni ritmetiche.

Oggetto della ricerca

La ricerca sui numeri di Mersenne, con lo sguardo rivolto alle loro cifre interne, si svolge attraverso lo stesso schema adottato con i numeri perfetti:

1) distanze, in linea verticale, tra i numeri consecutivi di Mersenne;

2) i numeri di Mersenne **diminuiti** della somma delle loro rispettive cifre **interne;**

3) distanze, in linea verticale, tra i numeri di Mersenne **diminuiti** della somma delle loro rispettive cifre interne;

4) i numeri di Mersenne **aumentati** della somma delle loro rispettive cifre interne;

5) distanze, in linea verticale, tra i numeri di Mersenne **aumentati** della somma delle loro rispettive cifre interne;

6) i numeri di Mersenne **moltiplicati** per la somma delle loro rispettive cifre interne;

7) distanze, in linea verticale, tra i numeri di Mersenne **moltiplicati** per la somma delle loro rispettive cifre interne;

8) numeri di Mersenne **elevati al quadrato**;

9) distanze, in linea verticale, tra i numeri di Mersenne **elevati al quadrato**.

I primi 12 numeri di Mersenne oggetto della ricerca

3, 7

31

127

8191

131071

524287

2147483647

2305843009213693951

618970019642690137449562111

162259276829213363391578010288127

170141183460469231731687303715884105727

Tranne il primo numero, il 3, gli altri terminano con 1 o con 7

Distanze, in linea verticale, tra i numeri di Mersenne

127-31=96 (somma cifre **15**)

8191-127=8064 (somma cifre **18**)

131071-8191=122880 (somma cifre **21**)

524287-131071=393216 (somma cifre **24**)

2147483647-524287=2146959360 (somma cifre **45**)

2305843009213693951-2147483647=2305843007066210304
(somma cifre **54)**

618970019642690137449562111-
2305843009213693951=618970017336847128235868160 (somma cifre **120**)

162259276829213363391578010288127-
618970019642690137449562111=
162258657859193720701440560726016 (somma cifre **135**)

170141183460469231731687303715884105727-
162259276829213363391578010288127=170141021201192402518323912137873817600 (somma cifre **123**)

Le distanze, in linea verticale, tra i numeri di Mersenne risultano un numero
divisibile per 3.

<u>**Numero di Mersenne diminuito della somma delle sue cifre**</u>

3, 7

31-4=27 (somma cifre **9**)

127-10=117 (somma cifre **9**)

8191-19=8172 (somma cifre **18**)

131071-13=131058 (somma cifre **18**)

524287-28=524259 (somma cifre **27**)

2147483647-46=214748310 (somma cifre **30**)

2305843009213693951-73=2305843009213693878 (somma cifre **87**)

618970019642690137449562111-112=618970019642690137449561999
(somma cifre **135**)

162259276829213363391578010288127-139=16225927682921336339157801 02 87988(somma cifre **153**)

170141183460469231731687303715884105727-154= 170141183460469231731687303715884105573 (somma cifre **153**)

Di ciascun numero la somma delle sue cifre interne non risulta un numero divisibile per 3. Sottraendo da ciascun numero la somma delle sue cifre interne esso risulta un numero divisibile per 3.

117-27=90 (somma cifre **9**)

8172-117=8055 (somma cifre **18**)

131058-8172=122886 (somma cifre **27**)

524259-131058=393201 (somma cifre **18**)

214748310-524259=214224051 (somma cifre **18**)

2305843009213693878-214748310=2305843008998945568
(somma cifre **96**)

6189700196426901374449561999-
2305843009213693878=6189700173368471 28
235868121 (somma cifre **117**)

162259276829213363391578010287988-
6189700196426901374449561999=
1622586578591937207014405607 25989 (somma cifre **153**)

170141183460469231731687303715884105573-
162259276829213363391578 0
10287988=170141021201192402518323912137873817585 (somma cifre **135**)

Le distanze, in linea verticale, tra i numeri di Mersenne diminuiti della somma delle loro rispettive cifre interne risultano un numero divisibile per 3.

<u>Numero di Mersenne aumentato della somma delle sue cifre interne</u>

3, 7

31+4=35 (somma cifre **8**)

127+10=137 (somma cifre **11**)

8191+19=8210 (somma cifre **11**)

131071+13=131084 (somma cifre **17**)

524287+28=524315 (somma cifre **20**)

2147483647+46=2147483693 (somma cifre **47**)

2305843009213693951+73=2305843009213694024 (somma cifre **65**)

618970019642690137449562111+112=61897001964269013744495 62223 (somma cifre**116**)

162259276829213363391578010288127+154=16225927682921336 3339157801028 8281(somma cifre **140**)

170141183460469231731687303715884105727+154=1701411834 60469231731687 303715884105881 (somma cifre **155**)

Il numero di Mersenne aumentato della somma delle sue cifre interne non risulta un numero divisibile per 3.

Distanze, in linea verticale, tra i numeri di Mersenne aumentati della somma delle loro rispettive cifre interne

137-35=102 (somma cifre **3**)

8210-137=8073 (somma cifre **18**)

131084-8210=122874 (somma cifre **24**)

524315-131084=393231 (somma cifre **21**)

2147483693-524315=2146959378 (somma cifre **54**)

2305843009213694024-2147483693=2305843007066210331
(somma cifre **54**)

6189700196426901374449562223-
2305843009213694024=6189700173368471282358
68199 (somma cifre **132**)

162259276829213363391578010288281-
6189700196426901374449562223=
16225865785919372070144056072 6058 (somma cifre **141**)

170141183460469231731687303715884105881-
16225927682921336339157801028
8281=170141021201192402518323912137873817600 (somma
cifre **123**)

Le distanze, in linea verticale, tra i numeri di Mersenne aumentati della somma delle sue cifre interne risultano un numero divisibile per 3.

Numero di Mersenne moltiplicato per la somma delle sue cifre interne

3, 7

31x4=124 (somma cifre **7**)

127x10=1270 (somma cifre **10**)

8191x19=155629 (somma cifre **28**)

131071x13=1703923 (somma cifre **25**)

524287x28=14680036 (somma cifre **28**)

2147483647x46=98784247762 (somma cifre **64**)

2305843009213693951x73=168326539672599658423 (somma cifre **109**)

618970019642690137449562111x112=6932464219998129539435 0956432 (somma cifre **142**)
162259276829213363391578010288127x139=225540394792606575114293434 30049653 (somma cifre **142**)

170141183460469231731687303715884105727x154=2620174225291226168667 98447722461522281958 (somma cifre **181**)

Il numero di Mersenne moltiplicato per la somma delle sue cifre interne risulta un numero non divisibile per 3.

Distanze, in linea verticale, tra i numeri di Mersenne moltiplicati per la somma delle loro rispettive cifre

1270-124=1146 (somma cifre **12**)

155629-1270=154359 (somma cifre **27**)

1703923-155629=1548294 (somma cifre **33**)

14680036-1703923=12976113 (somma cifre **30**)

98784247762-14680036=98769567726 (somma cifre **72**)

168326539672599658423-98784247762=168326539573815410661 (somma cifre **90**)

6932464219998129539435 0956432-168326539672599658423= 6932464203165475572175 1298009 (somma cifre **123**)

225540394792606575114293434300049653-
6932464219998129539435095432=
2255397015461845753013394907909322I (somma cifre **144**)

26201742252912261686679844772246152281958-
2255403947926065751142934
3430049653=26201719698872782426022333342902722232305
(somma cifre **156**)
*Le distanze, in linea verticale, tra i numeri di Mersenne
moltiplicati per la somma delle loro rispettive cifre risultano un
numero divisibile per 3.*

<u>Numero di Mersenne elevato al quadrato</u>

3, 7

$31^2=961$ (somma cifre **16**)

$127^2=16129$ (somma cifre 19)

$8191^2=67092481$ (somma cifre **37**)

$131071^2=17179607041$ (**43**)

$524287^2=274876858369$ (somma cifre **73**)

$2147483647^2=4611686014132420609$ (somma cifre **64**)

$2305843009213693951^2=531691198313966348700354222269399$
0401 (somma cifre **154**)

$618970019642690137449562111^2=38312388521647221458958675554963725661$ 9304505646776321 (somma cifre **250**)

$162259276829213363391578010288127^2=2632807291713929667$
447950692091728356117011542341049465557168129 (somma cifre **286**)

170141183460469231731687303715884105727^2=2894802230932
90488558927462
52171976962977213799489202546401021394546514198529
(somma cifre **361**)
Il numero di Mersenne elevato al quadrato non risulta un numero divisibile per 3.

Distanze, in linea verticale, tra i numeri di Mersenne elevati al quadrato

16129-961=15168 (somma cifre **21**)

67092481-16129=67076352 (somma cifre **36**)

17179607041-67092481=17112514560 (somma cifre **33**)
274876858369-17179607041=257697251328 (somma cifre **57**)

4611686014132420609-274876858369=4611685739255562240
(somma cifre **81**)

5316911983139663487003542222693990401-
4611686014132420609=
5316911983139663482391856208561569792 (somma cifre **180**)

383123885216472214589586755549637256619304505646776321-
5316911983139663487003542222693990401=38312388521647220
9272674772
409973769615762282952785920 (somma cifre **258**)

2632807291713929667447950692091728356117011542341049465
7557168129-
38312388521647221458958675554963725661930450566776321=
2632807291675617278926303470632769680562047816679119015
1910391808 (somma cifre **288**)

28948022309329048855892746252171976962977213799489820254
64010213945

46514198529-
26328072917139296674479506920917283561170115423410494
6575557168129=2894802230930272078297560695549774974560562
965159280324
30977610899888957030400 (somma cifre **363**)
*Le distanze, in linea verticale, tra i numeri di Mersenne elevati al
quadrato risultano
un numero divisibile per 3.*

<u>**Conclusioni della ricerca sui numeri di Mersenne**</u>

1) Tranne il primo numero, il 3, gli altri terminano con 1 o con 7.

2) Le distanze, in linea verticale, tra i numeri di Mersenne risultano un numero divisibile per 3.

3) Di ciascun numero la somma delle sue cifre interne non risulta un numero divisibile per 3.

Sottraendo da ciascun numero la somma delle sue cifre interne esso risulta un numero divisibile per 3.

4) Le distanze, in linea verticale, tra i numeri di Mersenne diminuiti della somma delle loro rispettive cifre interne risultano un numero divisibile per 3.

5) Il numero di Mersenne aumentato della somma delle sue cifre interne non risulta un numero divisibile per 3.

6) Le distanze, in linea verticale, tra i numeri di Mersenne aumentati della somma delle sue cifre interne risultano un numero divisibile per 3.

7) Il numero di Mersenne moltiplicato per la somma delle sue cifre interne risulta un numero non divisibile per 3.

8) Le distanze, in linea verticale, tra i numeri di Mersenne moltiplicati per la somma delle loro rispettive cifre risultano un numero divisibile per 3.

9) Il numero di Mersenne elevato al quadrato non risulta un numero divisibile per 3.

10) Le distanze, in linea verticale, tra i numeri di Mersenne elevati al quadrato risultano un numero divisibile per 3.

Cap. III

Numeri amicabili

Si narra che Pitagora soleva affermare: "Il mio amico è un altro me stesso, così come il 220 lo è per il 284". Già i pitagorici conoscevano i numeri amicabili.

Sono numeri amicabili, o numeri amici, due numeri per cui la somma dei divisori di uno (escluso il numero stesso) è uguale all'altro e viceversa.

I due numeri 220 e 284 sono amicabili perché 220 è divisibile per 1, 2, 4, 5, 10, 11, 20, 22, 44, 55 e 110 e la loro somma risulta 284;

284 è divisibile per 1, 2, 4, 71 e 142 e la loro somma è proprio 220.

Nel secolo XVII Fermat, Cartesio ed Eulero si cimentarono alla ricerca di questi numeri. Al primo fu attribuita la scoperta dei due numeri 17296 e 18416, anche se in realtà, come risulterà in seguito, questa coppia amicabile fu scoperta dall'arabo al-Banna nel secolo XIII.

Cartesio scoprì la coppia amicabile 9363584 e 9437056.

Altre ne scoprì Eulero. Oggi, in seguito alle ricerche dei matematici dei secoli successivi, i numeri amicabili sono diventati milioni.

In tutti i casi conosciuti, i numeri di una coppia sono o entrambi pari o entrambi dispari, nonostante non siano note le ragioni per cui questo debba avvenire necessariamente. Inoltre, ogni coppia conosciuta condivide almeno un fattore.

<u>**Oggetto della ricerca**</u>

Lo studio dei numeri amicabili, con lo sguardo rivolto alle loro rispettive cifre interne, si svolge attraverso questo schema:

1) somma dei due numeri amicabili;

2) distanze, in linea verticale, delle somme dei due numeri amicabili;

3) distanze, in linea verticale, tra quelle risultate dalle somme di due numeri amicabili;

4) i numeri amicabili elevati al quadrato;

5) somma dei numeri amicabili elevati al quadrato;

6) differenze tra i numeri amicabili elevati al quadrato;

7) distanze, in linea verticale, tra i numeri amicabili elevati al quadrato;

8) numeri amicabili elevati al cubo;

9) somme di numeri amicabili elevati al cubo;

<u>**I numeri amicabili oggetto della ricerca**</u>

220	284	1175265	1438983
1184	1210	1280565	1340235
2620	2924	1358595	1486845
5020	5564	9363584	9437056
6232	6368	196421715	224703405
10744	10856		
17296	18416		
63020	76084		
66928	66992		

67095	71145
69615	87633
141664	153176
142310	168730
171856	176336
176272	180848
196724	202444
308620	389924
437456	455344
503056	514736
522405	525915
609928	686072

Somma dei due numeri amicabili

220 + 284=**504**
1184 + 210=**2394**
2620 + 2924=**5544**
5020 + 5564=**10584**
6232 + 6368=**12600**
10744 + 10856=**21600**
17296 + 18416=**35712**
66928 + 66992=**133920**
67095 + 71145=**138240**
63020 + 76084=**139104**
69615 + 87633=**157248**
141664 + 153176=**294840**
142310 + 168730=**311040**
171856 + 176336=**348192**
176272 + 180848=**357120**
196724 + 202444=**399168**
308620 + 389924=**698544**
437456 + 455344=**892800**
503056 + 514736=**1017792**
522405 + 525915=**1048320**
609928 + 686072=**1296000**
1175265 + 1438983=**2614248**

1280565 + 1340235=**2620800**
1358595 + 1486845=2845440
9363584 + 9437056=18800640
*I due numeri amicabili non sono divisibili per 3, ma la loro somma
risulta un numero divisibile per 3.*

Distanze, in linea verticale, tra le somme dei due numeri amicabili

2394-504=**1890**

5544-2394=**3150**

10584-5544=**5040**

12600-10584=**2016**

21600-12600=**9000**

35712-21600=**14112**

133920-35712=**98208**

138240-133920=**4320**

139104-138240=**864**

157248-139104=**18144**

294840-157248=**137592**

311040-294840=**16200**

348192-311040=**37152**

357120-348192=**8928**

399168-357120=**42048**

2614248-129600=**2484648**

2620800-2614248=**6552**

2845440-2620800=**224640**

18800640-2845440=**15955200**

421125120-18800640=**402324480**

698544-399168=**299376**

892800-698544=**194256**

1017792-892800=**124992**

1048320-1017792=**30528**

1296000-1048320=**247680**

Le distanze, in linea verticale, tra le somme dei due numeri amicabili risultano un numero divisibile per 3

I numeri amicabili elevati al quadrato

$220^2=$**48400** $284^2=$**80656**
$1184^2=$**1401856** $1210^2=$**1464100**
$2620^2=$**6864400** $2924^2=$**8549776**
$5020^2=$**25200400** $5564^2=$**30958096**
$6232^2=$**38837824** $6368^2=$**40551424**
$10744^2=$**115433536** $10856^2=$**117852736**
$17296^2=$**299151616** $18416^2=$**399149056**
$63020^2=$**3971520400** $76084^3=$**5788775056**
$66928^2=$**4479357184** $66992^2=$**44879228064**

$67095^2=$**4501739025** $71145^2=$**5061611025**
$69615^2=$**4846248225** $87633^2=$**7679542689**
$141664^2=$**20068688896** $153176^2=$**23462886976**
$142310^2=$**20252136100** $168730^2=$**28469812900**
$171856^2=$**29534484736** $176336^2=$**31094384896**
$176272^2=$**31071817984** $180848^2=$**32705999104**
$196724^2=$**38700332176** $202444^2=$**40983573136**
$308620^2=$**95246304400** $389924^2=$**705472325776**
$437456^2=$**191367751936** $455344^2=$**207338158336**
$503056^2=$**253065339136** $514736^2=$**264953149696**
$522405^2=$**272906984025** $525915^2=$**276586587225**
$609928^2=$**372012165184** $686072^2=$**470694789184**
$1175265^2=$**1381247820225** $1438983^2=$**2070672074289**

1280565^2=**1639846719225**   1340235^2=1796229855225
1358595^2=**1845780374025**   1486845^2=**2210708054025**
9363584^2=**87676705325056**
9437056^2=**89058025947136**
196421715^2=**38581490123541225**
224703405^2=**50491620218594025**

Un numero amicabile elevato al quadrato non risulta un numero divisibile per 3. Neppure la somma dei loro due numeri. Ma la loro differenza risulta un numero divisibile per 3.

Somma dei numeri amicabili elevati al quadrato

48400	+	80656=**129056**
1401856	+	1464100=**2865956**
6864400	+	8549776=**15414176**
25200400	+	30958096=**56158496**
38837824	+	40551424=**79389248**
115433536	+	117852736=**233286272**
299151616	+	399149056=**698300672**
3971520400	+	5788775056=**9760295456**
4479357184	+	44879228064=**49358585248**
4501739025	+	5061611025=**9563350050**
4846248225	+	7679542689=**12525790914**
20068688896	+	23462886976=**43531575872**
20252136100	+	28469812900=**48721949000**
29534484736	+	31094384896=**60628869632**
31071817984	+	32705999104=**63777817088**
38700332176	+	40983573136=**79683905312**
95246304400	+	705472325776=**800718630176**
191367751936	+	207338158336=**398705910272**
253065339136	+	264953149696=**518018488832**
272906984025	+	276586587225=**549493571250**
372012165184	+	470694789184=**842706954368**
1381247820225	+	2070672074289=**3451919894514**
1639846719225	+	1796229855225=**3436076574450**
1845780374025	+	2210708054025=**4056488428050**
87676705325056	+	89058025947136=**176734731272192**
38581490123541225	+	50491620218594025=**89073110342135250**

La somma dei due numeri amicabili elevati al quadrato non risulta un numero divisibile per 3

Differenze tra i numeri amicabili elevati al quadrato

80656-48400=**32256**
1464100-1401856=**62244**
8549776-6864400=**1685376**
30958096-25200400=**5757696**
40551424-38837824= **1713600**
117852736-115433536= **2419200**
399149056-299151616= **99997440**
5788775056-3971520400= **1817254656**
44879228064-4479357184=**40399870880**
5061611025-4501739025=**559872000**
7679542689-4846248225=**2833294464**
23462886976-20068688896=**3394198080**
28469812900-20252136100=**8217676800**
31094384896-29534484736=**1559900160**
32705999104-31071817984=**1634181120**
40983573136-38700332176=**2283240960**
705472325776-95246304400=**610226021376**
207338158336-191367751936=**15970406400**
264953149696-253065339136=**11887810560**
276586587225-272906984025=**3679603200**
470694789184-372012165184= **98682624000**
2070672074289-1381247820225=**689424254064**
1796229855225-1639846719225=**156383136000**
2210708054025-1845780374025=**364927680000**
89058025947136-87676705325056=**1381320622080**
50491620218594025-38581490123541225 =**11910130095052800**
La differenza tra due numeri amicabili elevati al quadrsto risulta un numero divisibile per 3

<u>**Numero amicabile elevati al cubo**</u>

220^3=**10648000**
1184^3=**1659797504**
2620^3=**17984728000**
5020^3=**126506008000**
6232^3=**242037319168**
10744^3=**1240217910784**
17296^3=**5174126350336**
63020^3=**250285215608000**
66928^3=**299794417610752**
67095^3=**302044179882375**
69615^3=**337371570183375**
141664^3=**2843010743762944**
142310^3=**2882081488391000**
171856^3=**5075678408790016**
176272^3=**5477091499675648**
196724^3=**7613284146991424**
308620^3=**29394914463928000**
437456^3= **83714971290914816**
503056^3=**12730603724439961
6**
522405^3=**14256797298958012
5**
609928^3=**22690063588634675
2**
1175265^3=**1623332219436734625**

1280565^3=**2099930314004362125**

875

284^3=**22906304**
1210^3=**1771561000**
2924^3=**24999545024**
5564^3=**172250846144**
6368^3=**258231468032**
10856^3=**1279409302016**
18416^3=**6245769015296**
76084^3=**4404331613360704**
66992^3=**300655276863488**
71145^3=**360108316373625**
87633^3=**672981364465137**
153176^3=**3593951175435776**
168730^3=**4803711530617000**
176336^3=**5483059455021056**
180848^3=**5914814525960192**
202444^3=**8296878479944384**
389924^3=**59284327957481024**
455344^3= **94410186369347584**

514736^3=**13638092446192025**

525915^3=**14546103502043587**

686072^3=**32293051540504524
8**

1438983^3=**2979661913476608
087**

1340235^3=**2407370120017477

1358595^3=**2507667987248494875**

1486845^3=**3286980216586801125**

9363584^3=**820968195154409160704**

9437056^3=**840445578112575471616**

196421715^3=**7578242457321529287700875**

224703405^3=**11345638987084921730155125**

Il numero amicabile elevato al cubo non risulta un numero divisibile per 3.

Somme di numeri amicabili elevati al cubo

10648000 + 22906304=**33554304**
1659797504 + 1771561000=**3431358504**
17984728000 + 24999545024=**42984273024**
126506008000 +172250846144=**298756854144**
242037319168 + 258231468032=**500268787200**
1240217910784 + 1279409302016=**2519627212800**
5174126350336 + 6245769015296=**11419895365632**
250285215608000 + 440433161360704=**690718376968704**
299794417610752 + 300655276863488=**600449694474240**
302044179882375 + 360108316373625=**662152496256000**
337371570183375 + 672981364465137=**1010352934648512**
2843010743762944 + 3593951175435776=**6436961919198720**
2882081488391000 + 4803711530617000=**7685793019008000**
5075678408790016 + 5483059455021056=**10558737863811072**
5477091499675648 + 5914814525960192=**11391906025635840**
7613284146991424 + 8296878479944384=**15910162626935808**
29394914463928000 + 59284327957481024=**88679242421409024**
83714971290914816 +
94410186369347584=**178125157660262400**
127306037244399616 +
136380924461920256=**263686961706319872**
142567972989580125 +
145461035020435875=**288029008010016000**
22690063588634 6752 +
322930515405045248=**549831151291392000**
1623332219436734625 +
2979661913476608087=**4602994132913342712**
209993031400436 2125 +
2407370120017477875=**4507300434021840000**
2507667987248494875 +
3286980216586801125=**5794648203835296000**
82096819515440 9160704 + 8404455781125754 71616=
166141377326698 4632320
757824245732152 9287700875 + 11345638987084921730155125=
18923881444064 51017856000

Le somme dei numeri amicabili elevati al cubo risultano un numero divisibile per 3.

Conclusioni della ricerca sui numeri amicabili

1)I due numeri amicabili non sono divisibili per 3, ma la loro somma risulta un numero divisibile per 3.

2) Le distanze, in linea verticale, tra le somme dei due numeri amicabili risultano un numero divisibile per 3

3) Un numero amicabile elevato al quadrato non risulta un numero divisibile per 3. Neppure la somma dei loro due numeri. Ma la loro differenza risulta un numero divisibile per 3.

4) La somma dei due numeri amicabili elevati al quadrato non risulta un numero divisibile per 3

5) La differenza tra due numeri amicabili elevati al quadrato risulta un numero divisibile per 3

6) Il numero amicabile elevato al cubo non risulta un numero divisibile per 3.

7) Le somme dei numeri amicabili elevati al cubo risultano un numero divisibile per 3.

Cap. IV

Numeri triangolari

Esiste una semplice formula per calcolare l'n-esimo numero triangolare, cioè la somma dei primi n numeri naturali:

T(n) = n*(n+1)/2

Per esempio, per n = 7, otteniamo:

T(7) = 7*(7+1)/2 = 7*8/2 = 56/2 = 28.

Più semplicemente:

a) un numero triangolare è un numero poligonale che si può rappresentare in forma di triangolo;

b) preso un insieme di elementi è possibile disporli su una griglia regolare in modo da formare un triangolo equilatero o isoscele;

c) i numeri triangolari sono la somma dei primi n numeri naturali.

Un esempio di come si costruiscono i primi numeri triangolari: 1, 3, 6, 10, 15, 21, 28, 36…. Partendo da 1 si aggiunge 2: si ha 3; da 3 si aggiunge 3: si ha 6; da 6 si aggiunge 4: si ha 10; da 10 si aggiunge 5: si ha 15; da 15 si aggiunge 6: si ha 21; da 21 si aggiunge 7: si ha 28; da 28 si aggiunge 8: si ha 36; da 36 si aggiunge 9: si ha 45; e così via.

Inoltre, i numeri triangolari si susseguono sempre alternando due numeri dispari a

due numeri pari;

tutti i numeri perfetti sono triangolari.

L'n-esimo numero triangolare si può ottenere con la formula di Gauss, la formula porta il nome del grande matematico per una mera questione di consuetudine storica ma, data la sua semplicità e l'antichità dell'argomento, andrebbe certamente attribuita ad altri:

$$T_n = \frac{n(n+1)}{2}.$$

Per esempio, il sesto numero triangolare, il numero 21, è 6(6+1)/2 –> 6×7/2 –> 42/2 –>21; si moltiplicano due numeri successivi e si divide per due.

Carl Friedrich Gauss, vissuto tra il XVIII e il XIX secolo, fu uno dei più grandi matematici di tutti i tempi.

Matematico, astronomo e fisico tedesco, diede contributi determinanti in analisi matematica, teoria dei numeri, statistica, calcolo numerico, geometria differenziale, magnetismo, astronomia e ottica.

Il suo straordinario talento, si racconta, si manifestò già durante la scuola elementare. Un giorno il suo maestro, per tenere gli alunni impegnati ed uscire un momento dall'aula, assegnò il compito di sommare i primi cento numeri naturali 1 + 2 + 3 + 4 + …………+ 98 + 99 + 100. Il maestro stava per uscire e tutti gli alunni avevano iniziato a sommare i numeri uno dopo l'altro, quando il piccolo Gauss annunciò il risultato: incredibile, il risultato era perfetto! Come aveva fatto Gauss a trovare subito il risultato corretto? Il giovanissimo Gauss, in pochi minuti, osservò che se si riscrivono i numeri in ordine decrescente, la somma delle coppie incolonnate è sempre 101. $1 + 2 + 3 + 4 + 5 + 6 + \ldots + 98 + 99 + 100 + 100 + 99 + 98 + 97 + 96 + 95 + \ldots + 3 + 2 + 1 = 101 + 101 + 101 + 101 + 101 + 101 + \ldots 101 + 101 + 101$.

Oggetto della ricerca

La ricerca sui numeri triangolari, con lo sguardo rivolto alle loro cifre interne, si svolge attraverso questo schema:

1)distanza, in linea verticale, tra i numeri triangolari;

2) numero triangolare **diminuito** della somma delle sue cifre interne;

3) distanze tra i numeri triangolari **diminuiti** della somma delle loro rispettive cifre interne;

4) numero triangolare **elevato al quadrato**;

5) distanze, in linea verticale, tra i numeri triangolari **elevati al quadrato;**

6) riduzione alla **Minima Comune Distanza** (MCD) dei numeri triangolari elevati al quadrato;

7) riduzione alla **Minima Comune Distanza** (MCD) dei numeri triangolari elevati al quadrato.

<u>**I primi numeri triangolari oggetto della ricerca**</u>

1	325	1225
3	351	1275
6	378	1326
10	406	1378
15	435	1431
21	465	1485
28	496	1540
36	528	1596
45	561	1653
55	595	1711
66	630	1770
78	666	1830
91	703	1891
105	741	1953
120	780	2016
136	820	2080
153	861	2145
171	903	2211
190	946	2278
210	990	2346
231	1035	2415
253	1081	2485
276	1128	2556
300	1176	2628

Distanza, in linea verticale, tra i numeri triangolari

3-1=**2**   136-120=**16**   435-406=**29**   903-861=**42**

6-3=**3**   153-136=**17**   465-435=**30**   946-903=**43**

10-6=**4**   171-153=**18**   496-465=**31**   990-946=**44**

15-10=**5**   190-171=**19**   528-496=**32**   1035-990=**45**

21-15=**6**   210-190=**20**   561-528=**33**   1081-1035=**46**

28-21=**7**   231-210=**21**   595-561=**34**   1128-1081=**47**

36-28=**8**   253-231=**22**   630-595=**35**   1176-1128=**48**

45-36=**9**   276-253=**23**   666-630=**36**   1225-1176=**49**

55-45=**10**   300-276=**24**   703-666=**37**   1275-1225=**50**

66-55=**11**   325-300=**25**   741-703=**38**   1326-1275=**51**

78-66=**12**   351-325=**26**   780-741=**39**   1378-1326=**52**

91-78=**13**   378-351=**27**   820-780=**40**   1431-1378=**53**

105-91=**14**   406-378=**28**   861-820=**41**   1485-1431=**54**

120-105=**15**

La distanza, in linea verticale, tra i numeri triangolari aumenta sempre di una unità.

Numero triangolare diminuito della somma delle sue cifre interne

<u>1</u>   120-3=**117**   406-10=**396**   861-15=**846**   1485-18=**1467**

<u>3</u>   136-10=**126**   435-12=**423**   903-12=**891**   1540-10=**1530**

<u>6</u>   153-9=**144**   465-15=**450**   946-19=**927**   1596-21=**1575**

10-1=**9**   171-9=**162**   496-19=**477** 990-18=**972**1653-15=**1638**

15-6=**9**   190-10=**180** 528-15=**513**   1035-9=**1026**   1711-10=**1701**

21-3=**18**   210-3=**207**   561-12=**549**   1081-10=**1071** 1770-15=**1755**

28-10=**18**   231-6=**225**   595-19=**576**   1128-12=**1116** 1830-12=**1818**

36-9=**27**   253-10=**243** 630-9=**621**   1176-15=**1161** 1891-19=**1872**

45-9=**36**   276-15=**261** 666-18=**648**   1225-10=**1215**   1953-18=**1935**

55-10=**45**   300-3=**297**   703-10=**693**   1275-15=**1260** 2016-9=**2007**

66-12=**54**   325-10=**315** 741-12=**729**   1326-12=**1314** 2080-10=**2070**

78-15=**63**   351-9=**342**   780-15=**765**   1378-19=**1359** 2145-12=**2133**

91-10=**81**   378-18=**360** 820-10=**810**   1431-9=**1422**   2211-6=**2205**

Il numero triangolare diminuito della somma delle sue cifre interne risulta un numero divisibile per 3.

<u>**Distanze tra i numeri triangolari diminuiti della somma delle loro rispettive cifre interne**</u>

1	243-225=**18**	846-810=**36**	1818-1755=**63**
3	261-243=**18**	891-846=**45**	1872-1818=**54**
6	297-261=**36**	927-891=**36**	1935-1872=**63**
9-9=**0**	315-297=**18**	972-927=**45**	2007-1935=**72**
18-9=**9**	342-315=**27**	1026-972=**54**	2070-2007=**63**
18-18=**0**	360-342=**24**	1071-1026=**45**	2133-2070=**63**
27-18=**9**	396-360=**36**	1116-1071=**45**	2205-2133=**63**
36-27=**9**	423-396=**27**	1161-1116=**45**	
45-36=**9**	450-423=**27**	1215-1161=**54**	
54-45=**9**	477-450=**27**	1260-1215=**45**	
63-54=**9**	513-477=**36**	1314-1260=**54**	

81-63=**18**	549-513=**36**	1359-1314=**45**
117-81=**36**	576-549=**27**	1422-1359=**63**
126-117=**9**	621-576=**45**	1467-1422=**45**
142-126=**18**	648-621=**27**	1530-1467=**63**
162-144=**18**	693-648=**45**	1575-1530=**45**
180-162=**18**	729-693=**36**	1638-1575=**63**
207-180=**27**	765-729=**36**	1701-1638=**63**
225-207=**18**	810-765=**45**	1755-1701=**54**

Le distanze tra i numeri triangolari diminuiti della somma delle loro rispettive cifre interne risulta un numero divisibile per 3.

Per un numero triangolare aumentato della somma delle sue cifre interne; per le distanze tra i numeri triangolari aumentati della somma delle loro rispettive cifre interne; per i numeri triangolari moltiplicati per la somma delle loro rispettive cifre interne; <u>non si rilevano risultati significativi.</u>

Anche per il numero triangolare elevato al quadrato non si rilevano risultati significativi. Ma la relativa scheda e quella successiva sui risultati delle loro distanze servono per la formazione della Minima Comune Distanza, di cui in seguito.

<u>Numero triangolare elevato al quadrato</u>

<u>1</u>^{2}=**1**	325^2=**105625**	1225^2=**1500625**
<u>3</u>^{2}=**9**	351^2=**123201**	1275^2=**1625625**
<u>6</u>^{2}=**36**	378^2=**142884**	1326^2=**1758276**
<u>10</u>^{2}=**100**	406^2=**164836**	1378^2=**1898884**
<u>15</u>^{2} =**225**	435^2=**189225**	1431^2=**2047761**
<u>21</u>^{2}= **441**	465^2=**216225**	1485^2=**2205225**
<u>28</u>^{2}=**784**	496^2=**246016**	1540^2=**2371600**
<u>36</u>^{2}=**1296**	528^2=**66564**	1596^2=**2547216**

45^2=**2025**   561^2=**314721**   1653^2=**2732409**

55^2=**3025**   595^2=**354025**   1711^2=**2927521**

66^2=**4356**   630^2=**396900**   1770^2=**3132900**

78^2=**6084**   666^2=**443556**   1830^2=**3348900**

91^2=**8281**   703^2=**494209**   1891^2=**3575881**

105^2=**11025**   741^2=**549081**   1953^2=**3814209**

120^2=**14400**   780^2=**608400**   2016^2=**4064256**

136^2=**18496**   820^2=**672400**   2080^2=**4326400**

153^2=**23409**   861^2=**741321**   2145^2=**4601025**

171^2=**29241**   903^2=**815409**   2211^2=**4888521**

190^2=**36100**   946^2=**894916**   2278^2=**5189284**

210^2=**44100**   990^2=**980100**   2346^2=**5503716**

231^2=**53361**   1035^2=**1071225**   2415^2=**5832225**

253^2=**64009**   1081^2=**1168561**   2485^2=**6175225**

276^2=**76176**   1128^2=**1272384**   2556^2=**6533136**

300^2=**90000**   1176^2=**1382976**   2628^2=**6906384**

Distanze, in linea verticale, tra i numeri triangolari elevati al quadrato

36-9=**27**   105625-90000=**15625**   1272384-1168561=**103823**
100-36=**64**   123201-105625=**17576**   1382976-1272384=**110592**
225-100=**125**   142884-123201=**19683**   1500625-1382976=**117649**
441-225=**216**   164836-142884=**21952**   1625625-1500625=**125000**
784-441=**343**   189225-164836=**24389**   1758276-1625625=**132651**
1296-784=**512**   216225-189225=**27000**   1898884-1758276=**140608**
2025-1296=**729**   246016-216225=**29791**   2047761-1898884=**148877**
3025-2025=**1000**   278784-246016=**32768**   2205225-2047761=**157464**
4356-3025=**1331**   314721-278784=**35937**   2371600-2205225=**166375**

6084-4356=**1728**   354025-314721=**39304**   2547216-2371600=**175616**
8281-6084=**2197**   396900-354025=**42875**   2732409-2547216=**185193**
11025-8281=**2744**   443556-396900=**46656**   2927521-2732409=**195112**
14400-11025=**3375**   494209-443556=**50653**   3132900-2927521=**205379**
18496-14400=**4096**   549081-494209=**54872**   3348900-3132900=**216000**
23409-18496=**4913**   608400-549081=**59319**   3575881-3348900=**226981**
29241-23409=**5832**   672400-608400=**64000**   3814209-3575881=**238328**
36100-29241=**6859**   741321-672400=**68921**   4064256-3814209=**250047**
44100-36100=**8000**   815409-741321=**74088**   4326400-4064256=**262144**
53361-44100=**9261**   894916-815409=**79507**   4601025-4326400=**274625**
64009-53361=**10648**980100-894916=**85184**   4888521-4601025=**287496**
76176-64009=**12167**1071225-980100=**91125**   5189284-4888521=**300763**
90000-76176=**13824**1168561-1071225=**97336** 5503716-5189284=**314432**
                                                 5832225-5503716=**328509**
                                                 6175225-5832225=**343000**

Riduzione alla Minima Comune Distanza (MCD) dei numeri triangolari elevati al quadrato. Secondo livello.

Il quadro precedente, relativo alle distanze tra i numeri triangolari elevati al quadrato, si può considerare il primo livello del procedimento da attivare per MCD.

64-27=**37**   15625-13824=**1801**   103823-97336=**6487**

125-64=**61**   17576-15625=**1951**   110592-103823=**6769**

216-125=**91**   19683-17576=**2107**   117649-110592=**7057**

343-216=**127**   21952-19683=**2269**   125000-117649=**7351**

512-343=**169**   24389-21952=**2437**   132651-125000=**7651**

729-512=**217**   27000-24389=**2611**   140608-132651=**7957**

1000-729=**271**   29791-27000=**2791**   148877-140608=**8269**

1331-1000=**331**   32768-29791=**2977**   157464-148877=**8587**

1728-1331=**397**   35937-32768=**3169**   166375-157464=**8911**

2197-1728=**469** 39304-35937=**3367** 175616-166375=**9241**

2744-2197=**547** 42875-39304=**3571** 185193-175616=**9577**

3375-2744=**631** 46656-42875=**3781** 195112-185193=**9919**

4096-3375=**721** 50653-46656=**3997** 205379-195112=**10267**

4913-4096=**817** 54872-50653=**4219** 216000-205379=**10621**

5832-4913=**919** 59319-54872=**4447** 226681-216000=**10681**

6859-5832=**1027** 64000-59319=**4681** 238328-226681=**11347**

8000-6859=**1141** 68921-64000=**4921** 250047-238328=**11719**

9261-8000=**1261** 74088-68921=**5167** 262144-250047=**12097**

10648-9261=**1387** 79507-74088=**5419** 274625-262144=**12481**

12167-10648=**1519** 85184-79507=**5677** 287496-274625=**12871**

13824-12167=**1657** 91125-85184=**5941** 300763-287496=**13267**

97336-91125=**6211** 314432-300763=**13669**

328509-314432=**14077**

Riduzione alla Minima Comune Distanza (MCD) dei numeri triangolari elevati al quadrato. Terzo livello.

61-37=**24** 1801-1657=**144** 6211-5941=**270**

91-61=**30** 1951-1801=**150** 6487-6211=**276**

127-91=**36** 2107-1951=**156** 6769-6487=**282**

169-127=**42** 2269-2107=**162** 7057-6769=**288**

217-169=**48** 2437-2269=**168** 7351-7057=**294**

271-217=**54** 2611-2437=**174** 7651-7351=**300**

331-271=**60** 2791-2611=**180** 7957-7651=**306**

64

397-331=**66**

469-397=**72**

547-469=**78**

631-517=**84**

721-631=**90**

817-721=**96**

919-817=**102**

1027-919=**108**

1141-1027=**114**

1261-1141=**120**

1387-1261=**126**

1519-1377=**132**

1657-1519=**138**

2977-2791=**186**

3169-2977=**192**

3367-3169=**198**

3571-3367=**204**

3781-3571=**210**

3997-3781=**216**

4219-3997=**222**

4447-4219=**228**

4681-4921=**234**

4921-4681=**240**

5167-4921=**246**

5419-5167=**252**

5677-5419=**258**

8269-7957=**312**

8587-8269=**318**

8911-8587=**324**

9241-8911=**330**

9577-9241=**336**

9919-9577=**342**

10267-9919=**348**

10621-10267=**354**

10981-10621=**360**

11347-10981=**366**

11719-11347=**372**

12481-12097=**378**

12871-12481=**384**

12871-12481=**390**

13267-12871=**396**

13669-13267=**402**

La distanza tra le differenze, in linea verticale, risulta sempre 6.
La riduzione alla Minima Comune Distanza (MCD) è dunque 6.

<u>**Conclusioni della ricerca sui numeri triangolari**</u>

1)La distanza, in linea verticale, tra i numeri triangolari aumenta sempre di una unità.

2) Il numero triangolare diminuito della somma delle sue cifre interne risulta un numero divisibile per 3.

3) Le distanze tra i numeri triangolari diminuiti della somma delle loro rispettive cifre interne risulta un numero divisibile per 3.

4) Per un numero triangolare aumentato della somma delle sue cifre interne;
per le distanze tra i numeri triangolari aumentati della somma delle loro rispettive cifre interne; per i numeri triangolari moltiplicati per la somma delle loro rispettive cifre interne; non si rilevano risultati significativi.

5) Anche per il numero triangolare elevato al quadrato quello delle loro distanze, in linea verticale, non si rilevano risultati significativi. Ma le loro due relative schede servono per la procedura idonea alla riduzione alla Minima Comune Distanza (MCD). La MCD risulta 6. Il secondo della triade di Tesla 3, 6, 9

PARTE SECONDA

Cap. V

Numeri primi

Accendendo la luce dentro le cifre dei numeri primi si scopre che ciascuno di essi, come per tutti i numeri naturali, diminuito della somma delle sue rispettive cifre interne, risulta un numero divisibile per 3.

2, 3, 5, 7

11-2=9	2063-11=2052	8147-20=8127
13-4=15	2131-7=2124	8233-16=8217
17-8=9	2221-7=2214	8311-13=8298
19-10=9	2293-16=2277	8423-17=8406
23-5=18	2371-13=2358	8527-22=8505
29-11=18	2437-16=2421	8623-19=8604
31-4=27	2539-19=2520	8693-26=8667
37-10=27	2621-11=2610	8761-22=8739
41-5=36	2689-25=2664	8849-29=8820
43-7=35	2749-22=2727	8951-23=8928

Il primo numero a due cifre che si incontra è 11. Sono stati presi in esame tre gruppi di dieci numeri primi, a caso: da 11 a 43, da 2063 a 2749, da 8147 a 8951.

Prima regola – Metafora dell'ascensore

Come si vedrà nel capitolo VIII di questa ricerca, dedicato ai numeri naturali, è possibile prevedere la distanza tra di loro. Accendendo una luce nelle loro cifre interne si rilevano regole fisse, rigorose. Nel mondo dei numeri primi, invece, non è possibile prevedere la loro distanza; dato un numero primo non si può conoscere quello successivo.

"I matematici hanno cercato invano di scoprire un qualche ordine nella successione dei numeri primi, e abbiamo ragione di credere che è un mistero che la mente umana non potrà mai penetrare".

(Leonard Euler)

Tuttavia, attraverso l'indagine sulle loro cifre interne, si può prevedere qualche carattere in merito alla loro distanza.

Un esempio. Si considerino i due numeri primi, presi a caso, 2.203 e 2.371. Sottraendo da questi e da ciascuno dei loro numeri primi intermedi la somma delle loro cifre rispettive, si ha il seguente risultato:

2.203-5 = 2.598 (totale cifre 24)
2.207-11 = 2.196 (totale cifre 18)
2.213-8 = 2.205 (totale cifre 9)
2.221-7 = 2.214 (totale cifre 9)
2.237-14 = 2.223 (totale cifre 9)
2.239-16 = 2.223 (totale cifre 9)

2.243-11 = 2.2*32* (totale cifre 9)
2.251-10 = 2.2*41* (totale cifre 9)
2.267-17 = 2.2*50* (totale cifre 9)
2.269-19 = 2.2*50* (totale cifre 9)
2.273-14 = 2.2*59* (totale cifre 18)
2.281-13 = 2.2*68* (totale cifre 18)
2.287-19 = 2.2*68* (totale cifre 18)
2.293-16 = 2.2*77* (totale cifre 18)
2.297-20 = 2.2*77* (totale cifre 18)
2.309-14 = 2.2*95* (totale cifre 18)
2.311-7 = 2.3*04* (totale cifre 9)
2.333-11 = 2.3*22* (totale cifre 9)
2.339-17 = 2.3*22* (totale cifre 9)
2.341-10 = 2.3*31* (totale cifre 9)
2.347-16 = 2.3*31* (totale cifre 9)
2.351-11 = 2.3*40* (totale cifre 9)
2.357-17 = 2.3*40* (totale cifre 9)
2.371-13 = 2.3*58* (totale cifre 18)

I numeri intercorrenti tra due numeri primi consecutivi, meno la somma delle rispettive cifre, hanno queste caratteristiche:

a) la somma delle cifre di ciascuno di essi è sempre 9 o multiplo di 9 (9, 18, 36, 45, etc.);

b) la loro distanza, in direzione verticale, può essere 0 (cioè, si può avere lo stesso risultato), o 9 o multiplo di 9;

c) l'ultima cifra dei numeri risultanti dalla differenza tra i numeri primi e la somma delle loro cifre forma, in linea verticale, una scala che va, in ordine decrescente, da 9 a 0.

La presente ricerca si basa sull'osservazione delle ultime cifre.

Osservando le ultime due cifre dei numeri, risultati dalle differenze tra i numeri primi e la somma delle loro cifre rispettive, si legge, in linea verticale, una scala che va, in ordine decrescente, da 9 a 0, e una scala che va parallelamente in senso inverso, in ordine crescente.

<u>Ultime cifre.</u> L'ultima cifra va da 9 a 0, per ripartire di nuovo da 9 a 0, e così via. Le ultime cifre si muovono in ordine decrescente. Si può ripartire da una cifra diversa da 0, ripetere la stessa cifra anche più volte, saltare delle cifre nel percorso da 9 a 0, ma non può mai succedere che in questo percorso una cifra ultima sia superiore a quella che la precede. A meno che quella precedente non sia una cifra inferiore a 9, ma capofila di un nuovo percorso.

<u>Penultime cifre.</u> A loro volta, le penultime cifre degli stessi numeri nel percorso da 9 a 0 si muovono in senso inverso, in ordine crescente.

Un altro esempio. Si considerino i due numeri primi, anch'essi presi a caso, 550.139 e 550.163. Si ha il seguente risultato:

550.139-23 = 550.1*16* (totale cifre 18)
550.141-16 = 550.12*5* (totale cifre 18)
550.143-18 = 550.12*5* (totale cifre 18)
550.147-22 = 550.12*5* (totale cifre 18)
550.149-24 = 550.12*5* (totale cifre 18)
550.151-17 = 550.13*4* (totale cifre 18)
550.153-19 = 550.13*4* (totale cifre 18)
550.157-23 = 550.13*4* (totale cifre 18)
550.159-25 = 550.13*4* (totale cifre 18)
550.161-18 = 550.14*3* (totale cifre 18)
550.163-20 = 550.12*3* (totale cifre 18)
550.169-26 = 550.14*3* (totale cifre 18)
550.177-25 = 550.15*2* (totale cifre 18)
550.181-20 = 550.16*1* (totale cifre 18)
550.189-28 = 550.16*1* (totale cifre 18)
550.211-14 = 550.19*7* (totale cifre 18)

550.213-16 = 550.1*97* (totale cifre 18)
550.241-17 = 550.2*24* (totale cifre 18)
550.267-25 = 550.2*42* (totale cifre 18)
550.279-28 = 550.2*41* (totale cifre 18)
550.283-23 = 550.2*60* (totale cifre 18)

Si registra lo stesso risultato.Da questa indagine si può affermare che un numero primo non ha mai l'ultima sua cifra superiore a quella del suo antecedente; che un numero primo non ha mai la penultima sua cifra inferiore a quella del suo antecedente. Si deduce allora la prima regola sulle distanze tra i numeri primi.

Prima regola

Dato un numero primo, il numero primo successivo è quello la cui differenza con la somma delle sue cifre termina con una cifra <u>uguale o minore</u> rispetto a quella del suo antecedente, e quello che ha la penultima cifra <u>uguale o maggiore</u> rispetto alla penultima cifra del suo antecedente.

Metafora dell'ascensore: Si immagini un ascensore, impianto costituito da una cabina e da un sistema di funi per la sua movimentazione. Le funi si muovono in senso inverso a quello della cabina.

Osservando le ultime due cifre dei numeri, risultati dalle differenze tra i numeri primi e la somma delle loro cifre rispettive, si legge, in linea verticale, una scala che va, in ordine decrescente, da 9 a 0, e una scala che va parallelamente in senso inverso, in ordine crescente.

E' l'ascensore dei numeri primi.

Seconda regola - Metafora dei piloti d'aereo

Come si sa, i numeri primi non terminano mai con lo 0, il 2, il 4, il 5, il 6, l'8, ma sempre con 1, 3, 7, 9.

Si osserva che le coppie consecutive dei numeri primi terminano sempre e solo con una delle seguenti 16 coppie di cifre: 1,3; 3,1; 1,7; 7,1; 1,9; 9,1; 3,7; 7,3; 3,9; 9,3; 7,9; 9,7; 1,1; 3,3; 7,7; 9,9. In particolare si osserva che:

due numeri primi separati da un solo numero terminano sempre con una delle tre coppie di cifre 1,3; 7,9; 9,1. (distanza 1)

due numeri primi separati da tre numeri terminano sempre con una delle tre coppie di cifre 3,7; 7,1; 9,3. (distanza 3)

due numeri primi separati da cinque numeri terminano sempre con una delle tre coppie di cifre 1,7; 3,9; 7,3. (distanza 5)

due numeri primi separati da sette numeri terminano sempre con una delle tre coppie di cifre 1,9; 3,1 9,7. (distanza 7)

due numeri primi separati da nove numeri terminano sempre con una delle quattro coppie di cifre 1,1; 3,3; 7,7; 9,9. (distanza 9)

Nelle distanze successive (11, 13, 15, 17, 19; 21, 23, 25, 27, 29; 31, 33, 35, 37, 39, e così via, all'infinito, i due numeri primi terminano sempre con una delle tre coppie di cifre previste dalle corrispondenti distanze iniziali: 1, 3, 5, 7, 9.

Si aggiunge che nelle 12 coppie di numeri primi con cifre terminali 1,3; 3,1; 1,7; 7,1; 1,9; 9,1; 3,7; 7,3; 3,9; 9,3; 7,9; 9,7, essi terminano sempre con 1, con 3, con 7 o con 9; oppure il numero primo contiene al proprio interno la cifra del gruppo di appartenenza (vedi il caso di 135 della coppia 7 e 1);

nelle 4 coppie di numeri primi con le stesse cifre terminali (1,1; 3,3; 7,7; 9,9), i numeri terminano sempre con la cifra 9;

nel totale delle cifre terminali sono presenti quattro costanti: 1, 3, 7, 9.

Dall'osservazione delle cifre terminali di numeri primi in coppie consecutive si ricava il seguente schema:

Schema

1 {1 - 3, 7 - 9, 9 - 1}   21 {1 - 3, 7 - 9, 9 - 1}

3 {3 - 7, 7 - 1, 9 - 3}   23 {3 - 7, 7 - 1, 9 - 3}

5 {1 - 7, 3 - 9, 7 - 3}   25 {1 - 7, 3 - 9, 7 - 3}

7 {1 - 9, 3 - 1, 9 - 7}   27 {1 - 9, 3 - 1, 9 - 7}

9 {1 - 1, 3 - 3, 7 - 7, 9 - 9} 29 {1 - 1, 3 - 3, 7 - 7, 9 - 9}...

11 {1 - 3, 7 - 9, 9 - 1}   31 {1 - 3, 7 - 9, 9 - 1}

13 {3 - 9, 7 - 1, 9 - 3}   33 {3 - 7, 7 - 1, 9 - 3}

15 {1 - 7, 3 - 9, 7 - 3}   35 {1 - 7, 3 - 9, 7 - 3}

17 {1 - 9, 3 - 1, 9 - 7}   37{1 - 9, 7 - 1, 9 - 7}

19 {1 - 1, 3 - 3, 7 - 7, 9 - 9} 39 {1 - 1, 3 - 3, 7 - 7, 9 - 9}...

(i numeri fuori parentesi indicano le distanze, quelli nella parentesi indicano le cifre terminali).

In termini di insiemi:

Insieme A {1-3, 7-9, 9-1}

Insieme B {3-7, 7-1, 9-3}
Insieme C {1-7, 3-9, 7-3}
Insieme D {1-9, 3-1, 9-7}
Insieme E {1-1, 3-3, 7-7, 9-9}
(dove ogni insieme indica una distanza)
Si deduce la **seconda regola** sulle distanze tra i numeri primi

Seconda regola

Nelle distanze 1, 3, 5, 7 e 9 dei numeri primi, questi terminano sempre con le cifre indicati nello schema seguente:
1 {1 - 3, 7 - 9, 9 - 1}
3 {3 - 7, 7 - 1, 9 - 3}
5 {1 - 7, 3 - 9, 7 - 3}
7 {1 - 9, 3 - 1, 9 - 7}
9 {1 - 1, 3 - 3, 7 - 7, 9 - 9}

Metafora dei piloti d'aereo: Si immagini una piccola compagnia aerea provvista di sedici aeromobili e quattro piloti, da impiegare nei primi quattro giorni della settimana, dal lunedì al giovedì; che essi debbano seguire nella giornata di venerdì alcune ore di aggiornamento, di riposo il sabato e la domenica; che nella cabina di pilotaggio debba essere assicurata la compresenza di due piloti; che ciascuno dei due debba assumere il ruolo ora di pilota ora di copilota. L'azienda, nel predisporre l'orario di voli e l'utilizzo dei quattro piloti (indicati con i numeri 1, 3, 7, 9), deve preparare un orario di lavoro.

Terza regola – Metafora del convento dei monaci

E' possibile conoscere alcuni caratteri delle distanze tra i numeri primi attraverso la divisibilità rilevata nelle operazioni di addizione e sottrazione degli stessi numeri con la somma delle loro rispettive cifre interne.

<u>Divisibilità. Distanza 1 – Insieme A {1 - 3, 7 - 9, 9 - 1}</u>
1)In una coppia di "gemelli" la somma dei due numeri primi risulta un numero divisibile per 3.

2) In una coppia di "gemelli" la somma dei due numeri primi + il numero intermedio risulta un numero divisibile per 3.

3) In una coppia di "gemelli" la somma delle cifre dei suoi due numeri primi risulta un numero divisibile per 3.

4) In una coppia di "gemelli" la somma delle cifre del numero intermedio risulta un numero divisibile per 3.

5) In una coppia di "gemelli" la somma delle cifre dei suoi due numeri primi + la somma delle cifre del numero intermedio risulta un numero divisibile per 3.

6) In una coppia di "gemelli" la somma delle cifre dei due numeri primi + la somma delle cifre del numero intermedio + la somma delle cifre dei 3 numeri risulta un numero divisibile per 3.

7) In una coppia di "gemelli" la somma dei tre numeri (i due numeri primi più il numero intermedio) meno la somma delle loro cifre risulta un numero divisibile per 3.

8) In una coppia di "gemelli" la somma dei due numeri primi *meno la* somma delle loro cifre risulta un numero divisibile per 3.

9) In due coppie, consecutive e non consecutive, di "gemelli" la somma dei loro quattro numeri primi risulta un numero div. per 3.

10) In due coppie, consecutive e non consecutive, di "gemelli" la somma delle cifre dei loro quattro numeri primi risulta un numero divisibile per 3.

11) In due coppie, consecutive e non consecutive, di "gemelli" la somma del primo numero della prima coppia e del secondo numero della seconda coppia risulta un numero divisibile per 3, e viceversa.

12) In due coppie, consecutive e non consecutive, di "gemelli" la somma del numero intermedio della prima coppia e del numero intermedio della seconda coppia risulta un numero divisibile per 3.

Sono 12 coppie di numeri primi, chiamati generalmente "gemelli", divisi
tra loro da un solo numero intermedio.

<u>Divisibilità. Distanza 3 – Insieme B {3 – 7, 7 – 1, 9 – 1}</u>
1)In una coppia di "cugini" la somma dei due numeri primi risulta un numero divisibile per 3.

2) In una coppia di "cugini" la somma dei tre numeri intermedi risulta un numero divisibile per 3.

3) In una coppia di "cugini" la somma dei due numeri primi + la somma dei 3 numeri intermedi risulta un numero divisibile per 3.

4) In una coppia di "cugini" la somma delle cifre dei due numeri primi risulta un numero divisibile per 3.

5) In una coppia di "cugini" la somma delle cifre dei tre numeri intermedi risulta un numero divisibile per 3.

6) In una coppia di "cugini" la somma delle cifre dei due numeri primi + la somma delle cifre dei 3 numeri intermedi risulta un numero divis. per 3.

7) In una coppia di "cugini" la somma dei due numeri primi meno la somma delle loro cifre risulta un numero divisibile per 3.

8) In due coppie, consecutive e non consecutive, di "cugini" la somma dei loro 4 numeri primi risulta un numero divisibile per 3.

9) In due coppie, consecutive e non consecutive, di "cugini" la somma delle cifre dei loro quattro numeri primi risulta un numero div. per 3.

10) In due coppie, consecutive e non consecutive, di "cugini" la somma dei tre numeri intermedi della prima coppia + la somma dei tre numeri intermedi della seconda coppia risulta un numero div. per 3.

Sono 12 coppie di numeri primi, chiamati generalmente "cugini", divisi
tra loro da 3 numeri intermedi.

In conclusione. Nelle operazioni di addizione e di sottrazione nelle coppie e nelle doppie coppie di "gemelli" e "cugini", la divisibilità risulta sempre 3.

Divisibilità. Distanza 5 – Insieme C {1/7, 3/9, 7/3}
Sul piano della divisibilità, alcuni elementi dell'insieme C presentano in qualche caso caratteristiche diverse da altri elementi dell'insieme. I due sottoinsiemi C1 {1/7, 3/9} e C2 {7/3}, entrambi contenuti nell'insieme C, (C1 $\subset$ in C), (C2 $\subset$ in C), non presentano sempre le stesse caratteristiche.

1) Insieme C/distanza 5. La somma dei due numeri primi non risulta sempre un numero divisibile per 5 né per 3.

2) Insieme C/distanza 5. La somma dei cinque numeri intermedi *risulta un numero divisibile per 5.*

3) Insieme C/distanza 5. La somma dei due numeri primi + la somma dei 5 numeri intermedi non risulta sempre un numero divisibile per 5 né per 3.

4) Insieme C/distanza 5. La somma delle cifre dei due numeri primi non risulta sempre un numero divisibile per 5 né per 3.

5) Insieme C/distanza 5. La somma delle cifre dei suoi 5 numeri intermedi *risulta un numero divisibile per 5* nel sottoinsieme C1 {1/7, 3/9}, nel sottoinsieme C2 {7/3} non risulta mai div. per 5 né per 3.

6) Insieme C/distanza 5. La somma delle cifre dei due numeri primi + la somma delle cifre dei suoi 5 numeri intermedi non risulta sempre un numero divisibile per 5 né per 3.

7) Insieme C/distanza 5. La somma dei due numeri primi meno la somma delle loro cifre *risulta un numero divisibile per 3.*

8) Insieme C/distanza 5. La somma dei quattro numeri primi di due coppie terminanti con le cifre 3 e 9, 1 e 7, consecutive e non consecutive, *risulta un numero divisibile per 5 e per 3.*

9) Insieme C/distanza 5. La somma dei 4 numeri primi di due coppie terminanti con le cifre 7/3 e 7/3, consecutive e non consecutive, *risulta un numero divisibile per 5.*

10) Insieme C/distanza 5. La somma dei 4 numeri primi di due coppie terminanti con le cifre 3/9 e 3/9, 1/7 e 1/7, 1/7 e 7/3, 3/9 e 7/3, consecutive e non consecutive, non risulta sempre un numero divisibile per 5 né per 3.

11) Insieme C/distanza 5. La somma delle cifre dei quattro numeri primi di due coppie, consecutive e non consecutive, non risulta sempre un numero divisibile per 5 né per 3.

12) Insieme C/distanza 5. La somma dei cinque numeri intermedi di una coppia + la somma dei cinque numeri intermedi di un'altra coppia, consecutiva e non consecutiva, *risulta un numero divisibile per 5.*

Sono 12 coppie di numeri primi, divisi tra loro da 5 numeri intermedi.

Divisibilità. Distanza 7 – Insieme D {1-9, 3-1, 9-7}

Alcuni elementi dell'insieme D presentano in qualche caso caratteristiche diverse da altri elementi dello stesso insieme. Occorre distinguere anche qui tra i due sottoinsiemi D1 {1-9 e 9-7} e D2 {3-1}, entrambi contenuti nell'insieme D (D1 ⊂ in D), (D2 ⊂ in D).

1) Insieme D/distanza 7. La somma dei due numeri primi di una coppia *risulta un numero divisibile per 3.*

2) Insieme D/distanza 7. La somma dei sette numeri intermedi di una coppia *risulta un numero div. per 3 e per 7.*

3) Insieme D/distanza 7. La somma dei due numeri primi di una coppia + la somma dei loro sette numeri intermedi *risulta un numero divisibile per 3.*

4) Insieme D/distanza 7. La somma delle cifre dei suoi due numeri primi di una coppia *risulta un numero div. per 3.*

5) Insieme D/distanza 7. Nel sottoinsieme D{1/9 e 9/7}, in una coppia di numeri primi la somma delle cifre dei suoi sette numeri intermedi *risulta un numero div. per 3 e per 7.* Nel sottoinsieme D{3/1} *risulta un numero divisibile per 3.*

6) Insieme D/distanza 7. In una coppia la somma delle cifre dei suoi due numeri primi + la somma delle cifre dei suoi sette numeri intermedi *risulta un numero div. per 3.*

7) Insieme D/distanza 7. La somma dei due numeri primi meno la somma delle loro cifre *risulta un numero div. per 3.*

8) Insieme D/distanza 7. In due coppie, consecutive e non consecutive, la somma dei loro 4 numeri primi *risulta un numero div. per 3.*

9) Insieme D/distanza 7. In due coppie, consecutive e non consecutive, la somma delle cifre dei loro quattro numeri primi *risulta un numero div. per 3.*

10) Insieme D/distanza 7. In due coppie, consecutive e non consecutive, la somma dei sette numeri intermedi della prima coppia + la somma dei sette numeri intermedi della seconda coppia *risulta un numero divisibile per 3 e per 7.*

Sono 10 coppie di numeri primi divisi tra loro da 7 numeri intermedi.

Si deduce la terza regola sulle distanze tra i numeri primi

<u>Terza regola</u>
Attraverso la divisibilità rilevata nelle operazioni di addizione e sottrazione tra i numeri primi con le loro rispettive cifre interne è possibile conoscere alcuni caratteri delle loro distanze.

Metafora del convento dei monaci

Si immagini un convento religioso: un fabbricato diviso in due settori, che si indica con le lettere A e B. In ciascuno di essi vivono 22 monaci. Nel settore A tutti conducono una vita di purezza e di santità. Nel settore B ve ne sono pochi di questo tipo, la maggior parte non sempre si distingue per rigoroso rispetto dei riti religiosi, e di questi ci sono monaci diventati addirittura veri e propri peccatori, per via del loro egoismo incontrollato; pochi, per fortuna.

Si osservi chi sono i santi e chi i peccatori nel campo dei numeri primi.

Nel gruppo della distanza 5 si annida la maggior parte dei monaci peccatori, ben quattro (quelli segnati con i numeri 2, 5, 9, 12). Tranne uno (segnato con il numero 3), gli altri non rispettano sempre i riti cristiani.

Nel gruppo della distanza 7 non ci sono monaci peccatori, qualcuno non rispetta sempre i riti religiosi (sono i fraticelli segnati con i numeri 2, 5, 10), gli altri vivono in odore di santità.

Quarta regola – 3, 6, 9. La triade di Tesla

L'Insieme A {1 - 3, 7 - 9, 9 - 1} indica la distanza 1 tra i numeri primi "gemelli".

Di seguito si indicano le operazioni in due coppie consecutive di primi "gemelli".

Date due coppie consecutive di primi "gemelli" A e B, C e D, terminanti rispettivamente con le cifre 1 e 3, 7 e 9, si ha: D-B=6, C-A=6.
Esempio. Prima coppia di primi "gemelli": 1481 e 1483.
Successiva coppia di primi "gemelli": 1487 e 1489.
1489 – 1483 = 6;
1487 - 1481 = 6

Date due coppie consecutive di primi "gemelli" A e B, C e D, terminanti rispettivamente con le cifre 9 e 1, 1 e 3, si ha: D-B=12, C-A=12.
Esempio (gruppi 9 e 1, 1 e 3). Prima coppia di primi gemelli: 1019 e 10021; Successiva coppia di primi "gemelli": 1031 e 1033.
1033-1021 = 12;
1031 - 1019 = 12

Date due coppie consecutive di primi "gemelli" A e B, C e D, terminanti rispettivamente con le cifre 9 e 1, 7 e 9, si ha D-B=18, C-A=18.

Esempio (gruppi 9 e 1, 7 e 9). Prima coppia di primi "gemelli":
17579 e 17581; Successiva coppia di primi "gemelli": 17597 e
17599.
17599-17581 = 18;
17597-17579 = 18

Date due coppie consecutive di primi "gemelli" A e B, C e D,
terminanti rispettivamente con le cifre 7 e 9, 1 e 3, si ha D-B=24, C-
A=24.
Esempio. Prima coppia di primi "gemelli": 9437 e 9439; successiva
coppia di primi "gemelli": 9461 e 9463.
9463 - 9439 = 24;
9461 - 8437 = 24

Date due coppie consecutive di primi "gemelli" A e B, C e D,
terminanti rispettivamente con le cifre 9 e 1, 9 e 1; con le cifre 1 e 3,
1 e 3; e con le cifre 7 e 9, 7 e 9, si ha: B-D=30, C-A=30.

Esempio (gruppi 9 e 1, 9 e 1). Prima coppia di primi "gemelli":
2969 e 2971; Successiva coppia di primi "gemelli": 2999 e 3001.
3001 - 2971 = 30;
2999 - 2996 = 30

Esempio (gruppi 1 e 3, 1 e 3). Prima coppia di primi "gemelli":
32801 e 3803; Successiva coppia di primi "gemelli": 32831 e
32833.
32833-32803 = 30;
32831-32801 = 30

Esempio (gruppi 7 e 9, 7 e 9). Prima coppia di primi "gemelli":
10007 e 10009; Successiva coppia di primi "gemelli": 10037
e10039.
10039-10009 = 30;
10037-10007 = 30

Conclusione. Dalle predette operazioni risultano le seguenti
differenze:
6, 12, 18, 24, 30.

Da quanto sopra descritto si deduce la quarta regola sulle distanze
tra i numeri primi

<u>Quarta regola – 3, 6, 9, la triade di Tesla</u>
**Nelle differenze in coppie consecutive di "gemelli" A e B, C e D,
terminanti rispettivamente con le cifre: 1 e 3; 7 e 9; 9 e 1; 1 e 3;
9 e 1; 7 e 9; 7 e 9; 1 e 3; 9 e 1; 9 e 1; 1 e 3; 1 e 3; 7 e 9; 7 e 9, si
ottiene il seguente risultato:**
D-B=6, C-A=6   **6**
D-B=12, C-A=12   **1+2=3**
D-B=18, C-A=18   **1+8=9**
D-B=24, C-A=24   **2+4=6**
B-D=30, C-A=30   **3+0=3...**

**<u>Con la quarta regola si realizza la serie di numeri (3, 6, 9) a cui
lo scienziato Tesla era particolarmente affezionato.</u>**

Conclusioni delle operazioni sui numeri primi

Le quattro regole sui numeri primi.

Prima regola. Metafora dell'ascensore
Dato un numero primo, il numero primo successivo è quello la cui differenza con la somma delle sue cifre termina con una cifra uguale o minore rispetto a quella del suo antecedente, e quello che ha la penultima cifra uguale o maggiore rispetto alla penultima cifra del suo antecedente.

Seconda regola. Metafora dei piloti d'aereo
Nelle distanze 1, 3, 5, 7 e 9 dei numeri primi, questi terminano sempre con le cifre indicati nello schema seguente:
1 {1 - 3, 7 - 9, 9 - 1}
3 {3 - 7, 7 - 1, 9 - 3}
5 {1 - 7, 3 - 9, 7 - 3}
7 {1 - 9, 3 - 1, 9 - 7}
9 {1 - 1, 3 - 3, 7 - 7, 9 - 9}

Terza regola. Metafora del convento dei monaci
Attraverso la divisibilità rilevata nelle operazioni di addizione e sottrazione tra i numeri primi con le loro rispettive cifre interne è possibile conoscere alcuni caratteri delle loro distanze.

Quarta regola. 3, 6, 9. La triade di Tesla
Nelle differenze in coppie consecutive di "gemelli" A e B, C e D, terminanti rispettivamente con le cifre: 1 e 3; 7 e 9; 9 e 1; 1 e 3; 9 e 1; 7 e 9; 7 e 9; 1 e 3; 9 e 1; 9 e 1; 1 e 3; 1 e 3; 7 e 9; 7 e 9, si ottiene il seguente risultato:
D-B=6, C-A=6   6
D-B=12, C-A=12   1+2=3
D-B=18, C-A=18   1+8=9
D-B=24, C-A=24   2+4=6
B-D=30, C-A=30   3+0=3

Cap. VI

I NUMERI PRIMI E LE SUCCESSIONI DI FIBONACCI E DI LUCAS

La successione di Fibonacci, noto matematico vissuto tra i secoli XII e XIII, è una serie di numeri in cui ognuno di essi è la somma dei due numeri precedenti: F(n) 0,1,1,2,3,5,8,13,21...). Il matematico francese Lucas nel secolo XIX riprese lo studio di tale sequenza prendendo come valori di partenza non più 1 e 1, ma 2 e 1: L(n): 2, 1, 3, 4, 7, 11, 18, 29.

Leonardo Fibonacci nacque a Pisa negli ultimi decenni del secolo XII. Suo padre era segretario della Repubblica di Pisa e responsabile pisano del commercio con la colonia di Bugia, in Algeria.

Portò con sé Leonardo nei suoi numerosi viaggi all'estero, sperando che diventasse un esperto mercante. Il giovane viaggiò poi da solo in Egitto, Grecia, Siria, Sicilia. In questi paesi imparò le loro tecniche matematiche, che riportò nella sua principale opera *Liber abbaci*. In particolare fece conoscere nell'Europa occidentale la numerazione indo-arabica, al posto di quella latina, introducendo lo zero come nuovo simbolo.

Fu molto apprezzato alla corte dell'Imperatore Federico II. La Repubblica di Pisa gli riconobbe un vitalizio per i suoi servizi resi alla città, in particolare negli affari di contabilità.

La serie di Fibonacci è un esempio di successione ricorrente, che in matematica si definisce F(n). Considerato che i primi due elementi sono 1 e 1 e che ogni altro elemento è dato dalla somma dei due che li precedono, si ha: F(n) = F(n-2)+F(n-1) per n = 3, 4, 5... In base a questa definizione si assume convenzionalmente F(0) = 0, per cui la successione diventa 0, 1, 1, 2, 3, 5, 8, 13, 21, ecc..

Keplero, già nel XVI secolo, aveva notato che facendo il rapporto fra due numeri di Fibonacci consecutivi, esso si avvicinava sempre più a 1,61803...,valore noto anche con il nome di rapporto aureo. Un numero irrazionale.

Come si sa, esiste in matematica, nell'arte, nel corpo umano, in tutta la natura del creato una proporzione divina, che si chiama anche numero aureo o sezione aurea, che viene presa in considerazione per ottenere una dimensione armonica delle cose. Tale rappresentazione corrisponde a un rapporto che è stato definito pari al numero phi (Φ; φ o ϕ), che è la ventunesima lettera dell'alfabeto greco.

I numeri di Fibonacci rapportati tra loro danno come risultato un numero che si avvicina sempre più al numero aureo.

In questa ricerca si vuole dimostrare che esiste uno stretto rapporto tra i numeri primi e le successioni di Fibonacci e di Lucas. I numeri che indicano la stabilizzazione del posto raggiunto da 1, 618...sono infatti numeri primi.

Tabelle indicanti il posto di stabilizzazione raggiunto.

Tabelle - Successione di Fibonacci

Tab. 1 – Stabilizzazione posto 11°

1+1

I	2	2/1	2
II	3	3/2	1,5
III	5	5/3	1,666...
IV	8	8/5	1,6
V	13	13/8	1,625
VI	21	21/13	1,615...
VII	34	34/21	1,619...
VIII	55	55/34	1,617...
IX	89	89/55	1,618...
X	144	144/89	1,617...
XI	233	233/144	**1,618...**
XII	377	377/233	

Tab. 2 – Stabilizzazione posto 9°

I	1+3	4	7/4	1,75
II	2+5	7	11/7	1,571...
III	3+8	11	18/11	1, 636...

IV	5+13	18	29/18	1,611...
V	8+21	29	55/29	1,869...
VI	13+34	55	76/55	1,381...
VII	21+55	76	123/76	1,618...
VIII	34+89	123	199/123	1,617...
IX	55+144	199	322/199	**1,618...**
X	89+233	322		

Tab. 3 – Stabilizzazione posto 9°

I	1+5	6	10/6	1,666...
II	2+8	10	16/10	1,6...
III	3+13	16	26/16	1,625...
IV	5+21	26	42/26	1,615...
V	8+34	42	68/42	1,619...
VI	13+55	68	110/68	1,617...
VII	21+89	110	178/110	1,618...
VIII	34+144	178	288/178	1,617...
IX	55+233	288	466/288	**1,618...**
XI	89+377	466		

Tab. 4 – Stabilizzazione posto 9°

I	1+8	9	15/9	1,666...
II	2+13	15	24/15	1,6...
III	3+21	24	39/24	1,625...
IV	5+34	39	63/39	1,615...
V	8+55	63	102/63	1,619...
VI	13+89	102	165/102	1,617...
VII	21+144	165	267/165	1,618...
VIII	34+233	267	432/267	1,617...
IX	55+377	432	699/432	**1,618...**
X	89+610	699		

Tab. 5 – Stabilizzazione posto 7°

I	1+2+3+5	11	18/21	1,636...
II	2+3+5+8	18	29/18	1,611...
III	3+5+8+13	29	47/29	1,612...
IV	5+8+13+21	47	76/47	1,617...
V	8+13+21+34	76	123/76	1,618...
VI	13+21+34+55	123	199/123	1,617...
VII	21+34+55+89	199	322/199	**1,618...**
VIII	34+55+89+144	322		

Tab. 6 – Stabilizzazione posto 7°

I	3+8	11	18/11	1,636...
II	5+13	18	29/18	1,611...
III	8+21	29	47/29	1,620...
IV	13+34	47	76/47	1,617...
V	21+55	76	123/76	1,618...
VI	34+89	123	199/123	1,617...
VII	55+144	199	322/199	**1,618...**
VIII	89+233	322		

Tab. 7 – Stabilizzazione posto 5°

I	3+13+55	71	115/71	1,619...
II	5+21+89	115	186/115	1,617...
III	8+34+144	186	301/186	1,618...
IV	13+55+233	301	487/301	1,617...
V	21+89+377	487	788/487	**1,618...**
VI	34+144+610	788		

Tab. 8 – Stabilizzazione posto 5°

I	3+21+144	168	277/168	1,619...
II	5+34+233	272	440/272	1,617...

III	8+55+377	440	712/440	1,618...
IV	13+89+610	712	1152/712	1,617...
V	21+144+987	1152	1864/1152	**1,618...**
VI	34+233+1597	1864		

Tab. 9 – Stabilizzazione posto 5°

I	3+5+8+13	29	47/29	1,620...
II	5+8+13+21	47	76/47	1,617...
III	8+13+21+34	76	123/76	1,618...
IV	13+21+34+55	123	199/123	1,617...
V	21+34+55+89	199	322/199	**1,618...**
VI	34+55+89+144	322		

Tab. 10 – Stabilizzazione posto 9°

I	1x2	2	1,414...	2,/1,	=1,731...
II	2x3	6	2,449...	3,/2,	=1,581...
III	3x5	15	3,872...	6,/3,	=1,633...
IV	5x8	40	6,324...	10,/6,	= 1,612...
V	8x13	104	10,198...	16,/10,	=1,620...
VI	13x21	273	16,522...	26,/16,	= 1,617...

VII	21x34	714	26,720...	43,/26,	= 1,618...
VIII	34x55	1870	43,243...	69,/43,	=1,617...
IX	55x89	4895	69,946...	113,/69,	= **1,618...**
X	89x144	12816	113,207...		

Tab. 11 – Stabilizzazione posto 7°

I	3x8	24	4,898...	8,/4,	=1,64...
II	5x13	65	8,062...	12,/8,	=1,607...
III	8x21	168	12,961...	21,/12,	=1,622...
IV	13x34	442	21,023...	33,/21,	=1,616...
V	21x55	1155	33,985...	55,/33,	=1,618...
VI	34x89	3026	55,009...	88,/55,	=1,617...
VII	55x144	7920	88,994...	144,/88,	=**1,618...**
VIII	89x233	20737	144,003...		

Tab. 12 – Stabilizzazione posto 7°

I	3x13	39	6,266...	10,/6,	=1,640...
II	5x21	105	10,246...	16,/10,	=1,609...
III	8x34	272	16,492...	26,/10,	=1,621...
IV	13x55	715	26,739...	43,/26,	=1,616...
V	21x89	1869	43,231...	69,/43,	=1,618...
VI	34x144	4896	69,971...	113,/69,	=1,617...

| VII | 55x233 | 12815 | 113,203... | 183,/113, | =**1,618**... |

| VIII | 89x377 | 33553 | 183,174... | | |

Tab. 13 – Stabilizzazione posto 7°

I	3x21	63	7,937...	13,/7,	=1,642...
II	5x34	170	13,038...	20,/13,	=1,618...
III	8x55	440	20,976...	34,/20,	=1,621...
IV	13x89	1157	34,014...	54,/34,	=1,616...
V	21x144	3024	54,990...	89,/54,	=1,618...
VI	34x233	7922	89,005...	143,/89,	=1,617...
VII	55x377	20735	143,996...	233,/143,	=**1,618**...
VIII	89x610	54290	233,002...		

<u>Risultati rilevazioni serie di Fibonacci</u>
Tab. 1 - Divisione di somme; combinazione 1+1; 1+2; 2+3...;
stabilizzazione posto 11°

Tab. 2 – Divisione di somme; combinazione 1+3; 2+5; 3+8...;
stabilizzazione posto 9°

Tab. 3 – Divisione di somme; combinazione 1+5; 2+8; 3+13...:
stabilizzazione posto 9°

Tab. 4 – Divisione di somme; combinazione 1+8; 2+13; 3+21...;
stabilizzazione posto 9°

Tab. 5 - Divisione di somme; combinazione 1+2+3+5; 2+3+5+8...;
stabilizzazione posto 7°

Tab. 6 – Divisione di somme; combinazione 3+8; 5+13...;
stabilizzazione posto 7°

Tab. 7 – Divisione di somme; combinazione 3+13+55...;
stabilizzazione posto 5°

Tab. 8 – Divisione di somme; combinazione 3+21+144...;
stabilizzazione posto 5°

Tab. 9 – Divisione di somme; combinazione 3+5+8+13;
5+8+13+21...; **stabilizzazione posto 5°**

Tab.10 – Divisione di radici quadrate dei prodotti di due numeri;
combinazione 1x2; 2x3; 3x5; 5x8...; **stabilizzazione posto 9°**

Tab. 11 – Divisione di radici quadrate di prodotti di due numeri;
combinazione 3x8; 5x13; 8x21...; **stabilizzazione posto 7°**

Tab. 12 – Divisione di radici quadrate di prodotti di due numeri;
combinazione 3x13; 5x21; 8x34...; **stabilizzazione posto 7°**

Tab. 13 – Divisione di radici quadrate di prodotti di due numeri; combinazione 3x21; 5x34; 8x55...; **stabilizzazione posto 7°**

<u>Risultati rilevazioni serie di Lucas</u>
Tab. 1 – Divisione di somme; combinazione 2+4; 3+7; 4+11...; **stabilizzazione posto 11°.**

Tab. 2 – Divisione di somme; combinazione 3+5; 4+9; 5+14...; **stabilizzazione posto 11°.**

Tab. 3 – Divisione di somme; combinazione 4+6; 5+11; 6+17...; **stabilizzazione posto 11°.**

Tab. 4 – Divisione di radici quadrate dei prodotti di due numeri; combinazione 2x3; 3x4; 4x7...; **stabilizzazione posto 11°.**

Tab. 5 – Divisione di radici quadrate dei prodotti di due numeri; combinazione 3x4, 4x5, 5x9...; **stabilizzazione posto 11°.**

Tab. 6 – Divisione di radici quadrate dei prodotti di due numeri; combinazione 2x7; 3x11; 4x18...; **stabilizzazione posto 11°.**

Tab. 7 – Divisione di radici quadrate dei prodotti di due numeri; combinazione 3x9; 4x14; 5x23...; **stabilizzazione posto 11°.**

I numeri che indicano la stabilizzazione del posto raggiunto dal numero aureo sono numeri primi. Dato che non è possibile raggiungere un terzo posto, è presente il numero 9, multiplo di 3.

Cap. VII

Osservazioni sulla serie
dei numeri di Fibonacci

(Campione: i primi 1000 posti occupati dai numeri della successione).

Prima osservazione

Osservando l'ultima cifra dei numeri di Fibonacci si nota uno schema che si ripete ogni 60 posti (60, 120, 180, 240, 300, 360, etc.).

Seconda osservazione

Osservando la penultima cifra dei numeri di Fibonacci si nota un altro schema che si ripete ogni 300 posti (1, 301, 601, 901 ...).

Terza osservazione

Osservando la prima cifra dei numeri di Fibonacci (1...9) si nota che la quantità dei posti da essi occupati diminuisce via via dalla cifra 1 alla cifra 9.

Prima osservazione
(Ultima cifra – Ogni 5 numeri)

<u>60 posti (1- 60)</u>

1 : 1   **(1, 1, 2, 3, 5);**
2 : 1
3 : 2
4 : 3
5 : 5
6 : 8   **(8, 3, 4, 1, 5);**
7 : 13
8 : 21
9 : 34
10 : 55
11 : 89   **(9, 4, 3, 7, 0);**
12 : 144
13 : 233
14 : 377
15 : 610
16 : 987   **(7, 7, 4, 1, 5);**
17 : 1597
18 : 2584
19 : 4181
20 : 6765
21 : 10946   **(6, 1, 7, 8, 5);**
22 : 17711
23 : 28657
24 : 46368
25 : 75025
26 : 12139 3   **(3, 8, 1, 9, 0);**
27 : 19641 8
28 : 31781 1
29 : 51422 9
30 : 83204 0
31 : 13462 69   **(9, 9, 8, 7, 5);**

32 : 21783 09
33 : 35245 78
34 : 57028 87
35 : 92274 65
36 : 14930 352   (2, 7, 9, 6, 5);
37 : 24157 817
38 : 39088 169
39 : 63245 986
40 : 10233 4155
41 : 16558 0141   (1, 6, 7, 3, 0);
42 : 26791 4296
43 : 43349 4437
44 : 70140 8733
45 : 11349 03170
46 : 18363 11903   (3, 3, 6, 9, 5);
47 : 29712 15073
48 : 48075 26976
49 : 77787 42049
50 : 12586 26902 5
51 : 20365 01107 4   (4, 9, 3, 2, 5);
52 : 32951 28009 9
53 : 53316 29117 3
54 : 86267 57127 2
55 : 13958 38624 45
56 : 22585 14337 17   (7, 2, 9, 1, 0);
57 : 36543 52961 62
58 : 59128 67298 79
59 : 95672 20260 41
60 : 15480 08755 920

<u>120/Posti 61 - 120</u>

61 : 25047 30781 961   (1, 1, 2, 3, 5);
66 : 27777 89003 5288   (8, 3, 1, 4, 5);
71 : 30806 15211 70129   (9, 4, 3, 7, 0);
76 : 34164 54622 906707   (7, 7, 4, 1, 5);

81 : 37889 06237 31439 06   **(6, 1, 7, 8, 5)**;
86 : 42019 61407 27489 673   **(3, 8, 1, 9, 0)**
91 : 46600 46610 37553 0309   **(9, 9, 8, 7, 5)**
96 : 51680 70885 48583 23072   **(2, 7, 9, 6, 5)**;
101 : 57314 78440 13817 08410 1   **(1, 6, 7, 3, 0)**;
106 : 63563 06993 00684 62481 83   **(3, 3, 6, 9, 5)**;
111 : 70492 52476 70891 25814 114   **(4, 9, 3, 2, 5)**;
116 : 78177 40794 30987 23020 3437   **(7, 2, 9, 1, 0)**;

<u>180/Posti 121- 180</u>

121 : 86700 07398 50794 86580 51921   **(1, 1, 2, 3, 5)**;
126 : 96151 85546 30184 22468 77456 8   **(8, 3, 1, 4, 5)**;
131 : 10663 40417 49171 05958 14572 169   **(9, 4, 3, 7, 0)**;
136 : 11825 89644 78718 34976 42906 8427   **(7, 7, 4, 1, 5)**;
141 : 13115 12013 44081 89533 65343 24866   **(6, 1, 7, 8, 5)**;
146 : 14544 89111 23277 26836 78306 64195 3   **(3, 8, 1, 9, 0)**;
151 : 16130 53142 49045 81415 79790 73863 49   **(9, 9, 8, 7, 5)**;
156 : 17889 03347 85183 16825 74552 87891 792   **(2, 7, 9, 6, 5)**;
161 : 19839 24214 06191 94322 47806 07419 6061   **(1, 6, 7, 3, 0)**;
166 : 22002 05668 94662 96922 98332 21040 48463   **(3, 3, 6, 9, 5)**;
171 : 24400 65477 98191 18558 50643 49218 729915 4   **(4, 9, 3, 2, 5)**;
176 : 27060 74082 46956 93383 58691 16351 00691 57   **(7, 2, 9, 1, 0)**;

Seconda osservazione

Osservando la penultima cifra dei numeri di Fibonacci, si nota un altro schema che si ripete ogni 300 posti.

(Penultima cifra – Ogni 5 numeri)

300 posti (1- 300)

301 *(63 cifre)* : *35957 93252 06583 56096 17656 65172 18909 90523 67214 30926 72322 55589 801*

302 *(63 cifre)* : *58181 15698 36004 00649 15055 58634 09906 62590 34153 40576 69972 46569 401*

303 *(63 cifre)* : *94139 08950 42587 56745 32712 23806 28816 53114 01367 71503 42295 02159 202*

304 *(64 cifre)* : *15232 02464 87859 15739 44776 78244 03872 31570 43552 11208 01226 74872 8603*

305 *(64 cifre)* : *24645 93359 92117 91413 98048 00624 66753 96881 83688 88358 35456 25088 7805*

306 *(64 cifre)* : *39877 95824 79977 07153 42824 78868 70626 28452 27240 99566 36682 99961 6408*

307 *(64 cifre)* : *64523 89184 72094 98567 40872 79493 37380 25334 10929 87924 72139 25050 4213*

308 *(65 cifre)* : *10440 18500 95207 20572 08369 75836 20800 65378 63817 08749 10882 22501 20621*

309 *(65 cifre)* : *16892 57419 42416 70428 82457 03785 54538 67912 04910 07541 58096 15006 24834*

310 *(65 cifre)* : *27332 75920 37623 91000 90826 79621 75339 33290 68727 16290 68978 37507* **45455, etc.**

....

601 *(126 cifre)* : *17868 44616 69052 55231 14106 92812 80570 62496 15844 21727 80447 0*
3496

8379140866 83543 76327 39099 69771 62710 60042 87604 84467 03971 77991 37960 1

602 *(126 cifre)* : 28911 75322 42004 79465 78429 39580 52399 21922 06081 57483 36510 83505
7297893643 85249 49474 78355 88176 04897 38242 11799 07381 28446 95893 33880 1

603 *(126 cifre)* : 46780 19939 11057 34696 92536 32393 32969 84418 21925 79211 16957 87002 567
7034510 68793 25802 17455 57947 67607 98284 99403 91848 32418 73884 71840 2

604 *(126 cifre)* : 75691 95261 53062 14162 70965 71973 85369 06340 28007 36694 53468 70508 2974
928154 54042 75276 95811 46123 72505 36527 11202 99229 60865 69778 05720 3

605 *(127 cifre)* : 12247 21520 06411 94885 96350 20436 71833 89075 84993 31590 57042 65751 086
5196266 52283 60107 91326 70407 14011 33481 21060 69107 79328 44366 27756 05

606 *(127 cifre)* : 19816 41046 21718 16302 23446 77634 10370 79709 87794 05260 02389 52801 916
2689081 97687 87635 60907 85019 51261 87133 92180 99030 75415 01344 08328 08

607 *(127 cifre)* : 32063 62566 28130 11188 19796 98070 82204 68785 72787 36850 59432 18553 0027
885348 49971 47743 52234 55426 65273 20615 13241 68138 54743 45710 36084 13

608 *(127 cifre)* : 51880 03612 49848 27490 43243 75704 92575 48495 60581 42110 61821 71354 9190
574430 47659 35379 13142 40446 16535 07749 05422 67169 30158 47054 44412 21

609 *(127 cifre)* : *83943 66178 77978 38678 63040 73775 74780 17281 33368 78961 21253 89907 921*
8459778 97630 83122 65376 95872 81808 28364 18664 35307 84901 92764 80496 34

610 *(128 cifre)* : *13582 36979 12782 66616 90628 44948 06735 56577 69395 02107 18307 56126 2840*
903420 94529 01850 17851 93631 89834 33611 32408 70247 71506 03981 92490 855, etc.

....

901 *(188 cifre)* : *88793 02730 66059 37532 51751 69106 37647 04523 90900 36365 76688 44665*
2558915836 02597 70006 89177 27119 76920 55928 03828 07770 39453 74715 60061 5171200869
71996 37768 32903 00054 86806 66594 54250 62541 78911 67369 401

902 *(189 cifre)* : *14367 01361 46085 93758 39311 90859 02136 14890 39609 34548 93596 08961 479*
0161981 71460 83434 81267 27099 49844 59498 95887 75686 25819 78689 80674 0621851529 44501
83916 63450 70706 18852 42356 77215 11086 93137 82030 8201

903 *(189 cifre)* : *23246 31634 52691 87511 64487 07769 65900 85342 78699 38185 51264 93428 004*
6053565 31720 60435 50184 99811 47536 65091 76270 56463 29765 16161 36680 2138971616 41701
47693 46741 00711 67533 09016 22640 17341 11028 98767 7602

904 *(189 cifre)* : *37613 32995 98777 81270 03798 98628 68037 00233 18308 72734 44861 02389 4836*
215547 03181 43870 31452 26910 97381 24590 72158 32149 55584 94851 17354 2760823145 86203
31610 10191 71417 86385 51372 99855 28428 04166 80798 5803

905 *(189 cifre)* : *60859 64630 51469 68781 68286 06398 33937 85575 97008 10919 96125 95817 4882*
269112 34902 04305 81637 26722 44917 89682 48428 88612 85350 11012 54034 4899794762 27904
79303 56932 72129 53918 60389 22495 45769 15195 79566 3405

906 *(189 cifre)* : *98472 97626 50247 50051 72085 05027 01974 85809 15316 83654 40986 98206 9718*
484659 38083 48176 13089 53633 42299 14273 20587 20762 40935 05863 71388 7660617908 14108 1
0913 67124 43547 40304 11762 22350 74197 19362 60364 9208

907 *(190 cifre)* : *15933 26225 70171 71883 34037 11142 53591 27138 51232 49457 43711 29402 4460*
075377 17298 55248 19472 68035 58721 70395 56901 60937 52628 51687 62542 3256041267 04201 2
9021 72405 71567 69422 27215 14484 61996 63455 83993 12613

908 *(190 cifre)* : *25780 55988 35196 46888 51245 61645 23788 75719 42764 17822 87809 99223 14319*
23843 11106 90065 80781 63398 92951 61822 88960 33013 76722 02273 99681 2022103057 85612 10
113 09118 15922 43452 68391 36719 69416 35392 10029 61821

909 *(190 cifre)* : *41713 82214 05368 18771 85282 72787 77380 02857 93996 67280 31521 28625 589199*
9220 28405 45314 00254 31434 51673 32218 45861 93951 29350 53961 62223 5278144324 89813 391
34 81523 87490 12874 95606 51204 31412 98847 94022 74434,
etc.

Terza oservazione

Numeri di Fibonacci. Quantità dei posti occupati nei primi 1000 posti.

numeri con prima cifra 1: occupati 302 posti;
numeri con prima cifra 2: occupati 176 posti;
numeri con prima cifra 3: occupati 122 posti;
numeri con prima cifra 4: occupati 91 posti;
numeri con prima cifra 5: occupati 77 posti;
numeri con prima cifra 6: occupati 64 posti;
numeri con prima cifra 7: occupati 53 posti;
numeri con prima cifra 8: occupati 52 posti;
numeri con prima cifra 9: occupati 45 posti.

Con l'aumentare della cifra da 1 a 9, diminuisce la quantità dei posti occupati.

PARTE TERZA

Cap. VIII

Numeri naturali

Individuazione di schemi ripetitivi nelle distanze tra i numeri naturali.

Distanze tra numeri naturali con operazioni di sottrazione, addizione e moltiplicazione

<u>Sottrazione</u> - Metafora dell'albero con rami, foglie e fiori

Date le distanze 3, 4, 5, 6, 7, 8 e 9 tra i numeri naturali, ciascuno diminuito della somma delle sue cifre. In ogni distanza si rileva uno schema che si ripete all'infinito.

Distanza 3. Numero meno la somma delle sue cifre: ripetizione dello schema:
<u>a, a, b (a=3, b=4), ∞.</u>

Distanza 4. Numero meno la somma delle sue cifre: ripetizione dello schema:

<u>a, d (a=3, d=2), ∞</u>

Distanza 5. Numero meno la somma delle sue cifre: ripetizione dello schema:
<u>d (d=2), ∞.</u>

Distanza 6. Numero meno la somma delle sue cifre: ripetizione dello schema:
<u>d, d, c (d=2, c=1), ∞.</u>

Distanza 7. Numero meno la somma delle sue cifre: ripetizione dello schema:
<u>d, c, d, c, d, c, c (d=2, c=1), ∞.</u>

Distanza 8. Numero meno la somma delle sue cifre: ripetizione dello schema:

d, c, c, c (d=2, c=1), ∞.

Distanza 8. Numero meno la somma delle sue cifre: ripetizione dello schema:

d, c, c, c (d=2, c=1), ∞.

Distanza 9. Numero meno la somma delle sue cifre: ripetizione dello schema:

d, c, c, c, c, c, c, c, c (d=2, c=1)

Gli schemi in sintesi

Distanza 3
a, a, b (a=3, b=4)

Distanza 4
a, d (a=3, d=2)

Distanza 5
d (d=2)

Distanza 6
d, d, c (d=2, c=1)

Distanza 7
d, c, d, c, d, c, c (d=2, c=1)

Distanza 8
d, c, c, c (d=2, c=1)

Distanza 9
d, c, c, c, c, c, c, c, c (d=2, c=1)

OSSERVAZIONE DIRETTA

Schemi ripetitivi nelle distanze tra i numeri naturali.

Sottrazione

La distanza tra i numeri naturali indica il totale dei loro numeri intermedi. La distanza 3 indica due numeri intermedi (3, 6, 9, 12, 15, 18, 21, 24, 27…); la distanza 4 ne indica tre (3, 7, 11, 15, 19, 23, 27, 31, 35, 39…); ecc..

Sottraiamo da ciascun numero la somma delle sue cifre. Si ottiene uno schema; questo schema si ripete all'infinito e varia da distanza a distanza.

Schemi

Schema distanza 3

Partendo da 3 si hanno i numeri indicanti le distanze 3, 6, 9, 12, 15, 18, 21, 24, 27, 30, 33, 36, 39, 42, 45, 48, 51, 54, 57, 60, 63, ecc.; questi numeri sono separati tra loro da due numeri intermedi; il primo numero a due cifre è 12. A partire da 12 si ha la prima successione di dieci numeri.

Si sottragga da ciascun numero la somma delle sue cifre. Si ottiene: 12-3=**9**; 15-6=**9**; 18-9=**9**. Il numero 9 si ripete per tre volte. Nei tre numeri successivi 21, 24 e 27 il risultato **18** si ripete ancora per tre volte. Con i successivi quattro numeri, 30, 33, 36 e 39, il risultato **27** si ripete, invece, per quattro volte.

Dalle operazioni di sottrazione si rileva lo schema **3, 3, 4** ; questo schema si ripete all'infinito ogni dieci numeri. E' lo schema della distanza 3.

42, 45, 48, 51, 54, 57, 60, 63, 66, 69 sono i successivi dieci numeri).

Si sottragga da ciascun numero la somma delle sue cifre; si ottiene: 36, 36, 36, 45, 45, 45, 54, 54, 54, 54 (dieci numeri). Si ripete lo schema **3, 3, 4.**

72, 75, 78, 81, 84, 87, 90, 93, 96, 99 sono i successivi dieci numeri.

Si sottragga da ciascun numero la somma delle sue cifre si ha: 63, 63, 63, 72, 72, 72, 81, 81, 81, 81. Si ripete lo schema **3, 3, 4.**

Si può proseguire all'infinito. Si ottiene sempre lo stesso schema.

La prova della validità dello schema della distanza 3 si fonda sull'intuizione e non si richiede alcuna dimostrazione.

Distanza 3. Numero meno la somma delle sue cifre: ripetizione dello schema a, a, b (a=3, b=4), ∞.

Schema distanza 4

Partendo da 3 si hanno i numeri indicanti le distanze 3, 7, 11, 15, 19, 23, 27, 31, 35, 39, 43, 47, 51, 55, 59, 63, 67, 71, 74, 77, 81, 85, ecc., separati tra loro da tre numeri intermedi; il primo numero a due cifre che si incontra è 11. A partire da 11 si ha la prima successione di cinque numeri, idonea per la distanza 4. Lo schema che si rileva dalle operazioni di sottrazione è: **3, 2; 3, 2; 3, 2; 3, 2**...

Operazioni di sottrazione

9, 9, 9, 18, 18;
27, 27, 27, 36, 36;
45, 45, 45, 54, 54;

63, 63, 63, 72, 72;
81, 81, 81, 99, 99; ...

Distanza 4. Numero meno la somma delle sue cifre: ripetizione dello schema a, d (a=3, d=2), ∞

Lo stesso schema ripetitivo delle distanze si ottiene anche partendo da 4.

Schema distanza 5

Partendo da 3 si hanno i numeri indicanti le distanze 3, 8, 13, 18, 23, 28, 33, 38, 43, 48, ecc., separati tra loro da quattro numeri intermedi; il primo numero a due cifre che si incontra è 13. Lo schema che si rileva dalle operazioni di sottrazione è: **2;   2;   2; 2**...

Operazioni di sottrazione

9, 9;   18, 18;   27, 27;   36, 36;   45, 45; ...

Distanza 5. Numero meno la somma delle sue cifre: ripetizione dello schema d (d=2), ∞.

Lo stesso schema ripetitivo delle distanze si ottiene anche partendo da 5.

Schema distanza 6

Partendo da 3 si hanno i numeri indicanti le distanze 3, 9, 15, 21, 27, 33, 39, 45, 51, 57, 63, 69, 75, 81, 87, 93, 99, 105, 111, 117, 123, ecc., separati tra loro da cinque numeri intermedi; il primo numero a due cifre che si incontra è 15. A partire da 15 si ha la prima successione di cinque numeri. Lo schema che si rileva dalle operazioni di sottrazione è : **2, 2, 1**;   **2, 2, 1**;   **2, 2, 1**;   **2, 2, 1**...

Operazioni di sottrazione

9, 9, 18, 18, 36;
45, 45, 54, 54, 63;
72, 72, 81, 81, 99;
108, 108, 117, 117, 126;
135, 135, 144, 144, 153; ...

Distanza 6. Numero meno la somma delle sue cifre: ripetizione dello schema <u>d, d, c (d=2, c=1)</u>, ∞.

Lo stesso schema ripetitivo delle distanze si ottiene anche partendo da 6.

<u>Schema distanza 7</u>

Partendo da 3 si hanno i numeri indicanti le distanze 3, 10, 17, 24, 31, 38, 45, 52, 59, 66, 73, 80, 87, 94, 101, 108, 115, 122, 129, 136, 143, 150, 157, 164, 171, 178, 185, 192, 199, ecc., separati tra loro da sei numeri intermedi; il primo numero a due cifre che si incontra è 10. A partire da 10 si ha la prima successione di dieci numeri. Lo schema che si rileva dalle operazioni di sottrazione è:

2, 1, 2, 1, 2, 1, 1;
2, 1, 2, 1, 2, 1, 1;
2, 1, 2, 1, 2, 1, 1;
2, 1, 2, 1, 2, 1, 1 ...

Operazioni di sottrazione
9, 9, 18, 27, 27, 36, 45, 45, 54, 63;
72, 72, 81, 99, 99, 108, 117, 117, 126, 126;
135, 135, 144, 153, 153, 162, 171, 171, 180, 198;
207, 207, 216, 225, 225, 234, 243, 243, 252, 261; ...

Distanza 7. Numero meno la somma delle sue cifre: ripetizione dello schema: <u>d, c, d, c, d, c, c (d=2, c=1)</u>, ∞.

Schema distanza 8

Partendo da 3 si hanno i numeri indicanti le distanze 3, 11, 19, 27, 35, 43, 51, 59, 67, 75, 83, 91, 99, 107, 115, 123, 131, 139, 147, 155, 163, 181, ecc., separati tra loro da sette numeri intermedi; il primo numero a due cifre che si incontra è 10. A partire da 10 si ha la prima successione di cinque numeri. Lo schema che si rileva dalle operazioni di sottrazione è : **2, 1, 1, 1;   2, 1, 1, 1;   2, 1, 1, 1;** ...

Operazioni di sottrazione

9, 9, 18, 27, 36;
45, 45, 54, 63, 72;
81, 81, 99, 108, 117;
126, 126, 135, 144, 153;
162, 162, 171, 180, 198;...

Distanza 8. Numero meno la somma delle sue cifre: ripetizione dello schema d, c, c, c (d=2, c=1), ∞.

Schema distanza 9

Partendo da 3 si hanno i numeri indicanti le distanze 3, 12, 21 , 30, 39, 48, 57, 66, 75, 84, 93, 102, 111, 129, 129, 138, 147, 156, 165, 174, 183, 192, 201, 210, 219, 228, 237, 246, 255, 264, 273, 282, 291, 300, 309, 318, 327, 336, 345, 354, 363, 372, 381, 390, 399, 408, 417, ecc., separati tra loro da otto numeri intermedi; il primo numero a due cifre che si incontra è 12. A partire da 12, tranne le prime due differenze (12-3=9, 21-3=18), si ha la prima successione di dieci numeri. Lo schema che si rileva dalle operazioni di sottrazione è:

2, 1, 1, 1, 1, 1, 1, 1, 1;
2, 1, 1, 1, 1, 1, 1, 1, 1;
2, 1, 1, 1, 1, 1, 1, 1, 1;
2, 1, 1, 1, 1, 1, 1, 1, 1 ...

Operazioni di sottrazione
27, 27, 36, 45, 54, 63, 72, 81, 99, 108;
117, 117, 126, 135, 144, 153, 162, 171, 180, 198;
207, 207, 216, 225, 234, 243, 252, 261, 270, 279;
297, 297, 306, 315, 324, 333, 342, 351, 360, 369;...

**Distanza 9. Numero meno la somma delle sue cifre: ripetizione
dello schema d, c, c, c, c, c, c, c, c (d=2, c=1), ∞.**

Nelle distanze 10, 11, 12, 13, 14, etc. non c'è schema; la distanza
tra i numeri è sempre 1.

<u>Metafora dell'albero con rami, foglie e fiori</u>

Si immagini un albero di un'altezza infinita, con infiniti rami. Tutti i
rami, dal più piccolo al più grande, presentano la stessa struttura
dell'albero. Siamo in presenza di un frattale. In questo capitolo i
sette alberi/frattali sono indicati con i numeri 3, 4, 5, 6, 7, 8, 9.

Questi alberi, in realtà, sono le distanze tra i numeri naturali,
diminuiti della somma delle loro cifre. Sono le sette distanze in cui è
possibile individuare degli schemi.

Si immagini: ogni successione di dieci numeri forma un ramo
dell'albero e ogni ramo ha dieci foglie. Il primo ramo ha queste
dieci foglie: 12, 15, 18, 21, 24, 27, 30, 33, 36, 39.

Sottraendo da ciascun numero la somma delle sue cifre, si ottiene
uno schema in cui il numero 9 si ripete per tre volte, il numero 18 si

ripete ancora per tre volte, mentre il numero **27** si ripete per quattro volte.

Si immagini. Nascono sul ramo dieci fiori. Il risultato delle sottrazioni sono i dieci numeri/fiori 9, 9, 9; 18, 18, 18; 27, 27, 27, 27.

Secondo ramo: 42, 45, 48, 51, 54, 57, 60, 63, 66, 69 (sono i successivi dieci numeri/foglie). Si sottragga da ciascun numero la somma delle sue cifre; si ottiene: 36, 36, 36, 45, 45, 45, 54, 54, 54, 54 (dieci numeri/fiori). Ancora schema **3, 3, 4.**

Terzo ramo: 72, 75, 78, 81, 84, 87, 90, 93, 96, 99 (sono i successivi dieci numeri/foglie). Si sottragga da ciascun numero la somma delle sue cifre si ha: 63, 63, 63, 72, 72, 72, 81, 81, 81, 81 (dieci numeri/fiori). Si ripete lo schema **3, 3, 4.**

I successivi dieci numeri/fiori nati sul quarto ramo sono: 99, 99, 99, 108, 108, 108, 117, 117, 117, 117. Si ripete lo schema **3, 3, 4.**

I successivi dieci numeri/fiori nati sul quinto ramo sono: 126, 126, 126, 135, 135, 135, 144, 144, 144, 144. Si ripete lo schema **3, 3, 4.**

Si può proseguire all'infinito. Si ottiene sempre lo stesso schema.

La prova della validità dello schema della distanza **3, 3, 4** si fonda sull'intuizione e non si richiede alcuna dimostrazione.

I rami, le foglie e i fiori hanno la stessa struttura, cambiano solamente di dimensione.

<u>Addizione</u>

Date le distanze 3, 4, 5, 6, 7, 8 e 9 tra i numeri naturali, ciascuno aumentato della somma delle sue cifre. In ogni distanza si rileva uno schema che si ripete all'infinito.

<u>Distanza 3. Numero più la somma delle sue cifre. Ripetizione dello schema:</u>
a, a, b, a, a, b, a, a, a, b (a=6, b=-3) ∞

<u>Distanza 4. Numero più la somma delle sue cifre. Ripetizione dello schema:</u>
a, a, b, a, b (a=8, b=-1) ∞

<u>Distanza 5. Numero più la somma delle sue cifre. Ripetizione dello schema:</u>
a, b (a=10, b=1) ∞

<u>Distanza 6. Numero più la somma delle sue cifre. Ripetizione dello schema:</u>
a, b, b, a, b (a=12, b=3) ∞

<u>Distanza 7. Numero più la somma delle sue cifre. Ripetizione dello schema:</u>
a, b, b, a, b, b, a, b, b, b (a=14, b=3) ∞

<u>Distanza 8. Numero più la somma delle sue cifre. Ripetizione dello schema:</u>
a, b, b, b, b (a=16, b=7)

<u>Distanza 9. Numero più la somma delle sue cifre. Ripetizione dello schema:</u>
a, b, b, b, b, b, b, b, b, b (a=18, b=9)

Gli schemi in sintesi
Distanza 3
<u>a, a, b, a, a, b, a, a, a, b (a=6, b=-3)</u> ∞

Distanza 4
a, a, b, a, b (a=8, b=-1) ∞
Distanza5
a, b (a=10, b=1) ∞
Distanza 6
a, b, b, a, b (a=12, b=3) ∞
Distanza 7
a, b, b, a, b, b, a, b, b, b (a=14, b=3) ∞
Distanza 8
a, b, b, b, b (a=16, b=7)
Distanza 9
a, b, b, b, b, b, b, b, b, b (a=18, b=9)

<u>OSSERVAZIONE DIRETTA</u>

Schemi ripetitivi nelle distanze tra i numeri naturali.

Addizione

La distanza tra i numeri naturali indica il totale dei loro numeri intermedi. La distanza 3 indica due numeri intermedi (3, 6, 9, 12, 15, 18, 21, 24, 27…); la distanza 4 ne indica tre (3, 7, 11, 15, 19, 23, 27, 31, 35, 39…); ecc..

Aggiungendo a ciascun numero la somma delle sue cifre si ottiene uno schema di ripetizione; questo schema si ripete all'infinito e varia da distanza a distanza.

La ripetizione si interrompe quando si raggiunge 100, 1000, 10000, 100000, ecc. .

<u>Schemi</u>

Schema distanza 3

Partendo da 3 si hanno i numeri indicanti le distanze: 3, 6, 9, 12, 15, 18, 21, 24, 27, 30, 33, 36, 39, 42, 45, 48, 51, 54, 57, 60, 63, ecc.; questi numeri sono separati tra loro da due numeri intermedi; il primo numero a due cifre è 12. Aggiungendo a ciascun numero la somma delle sue cifre si ottiene:

<table>
<tr><td>

12+3=15;
15-6=21; (6)
18-9=27; (6)
21+3=24; (-3)
24+6=30; (6)
27+9=36; (6)
30+3=33; (-3)
33+6=39; (6)
36+9=45; (6)
39+12=51; (6)
42+6=48; (-3)
45+9=54; (6)
48+12=60; (6)
51+6=57; (-3)
54+9=63; (6)
57+12=69; (6)
60+6=66; (-3)
63+9=72; (6)
66+12=78; (6)
69+15=84; (6)
72+9=81; (-3)
75+12=87; (6)
78+15=93; (6)
81+9=90; (-3)
84+12=96; (6)
87+15=102; (6)
90+9=99; (-3)
93+12=105 (6)
96+15=111 (6)

</td><td>

102+3=105; (-12)
105+6=111; (6)
108+9=117; (6)
111+3=114; (-3)
114+6=120; (6)
117+9=126; (6)
120+3=123; (-3)
123+6=129; (6)
126+9=135; (6)
129+12=141; (6)
132+6=138; (-3)
135+9=144; (6)
138+12=150; (6)
141+6=147; (-3)

189+18=207;
192+12=204; (-3)
195+15=210; (6)
198+18=216; (6)
201+3=204; (-12)
204+6=210; (6)
207+9=216; (6)
210+3=213; (-3)
213+6=219; (6)
216+9=225; (6)
219+12=231; (6)
222+6=228; (-3)

</td><td>

972+18=990;
975+21=996; (6)
978+24=1002; (6)
981+18=999; (-3)
984+21=1005; (6)
987+24=1011; (6)
990+18=1008; (-3)
993+21=1004; (6)
996+24=1020; (6)
999+27=1026; (6)
1002+3=1005; (-19)

</td></tr>
</table>

99+18=117; (6)

Ripetizione: 6, 6, 3, 6, 6, 3, 6, 6, 6, 3;
**   6, 6, -3, 6, 6, -3, 6, 6, 6, -3...**
Ogni 100, 1000, 10000, ecc. si registra un numero negativo.

Distanza 3. Numero più la somma delle sue cifre. Ripetizione dello schema:
a, a, b, a, a, b, a, a, a, b (a=6, b=-3) ∞

Schema distanza 4

Partendo da 3 si hanno i numeri indicanti le distanze: 7, 11, 15, 19, 23, 27, 31, 35, 39, 42, 46, 50, ecc.

Questi numeri sono separati tra loro da tre numeri intermedi. Il primo numero a due cifre è 11. Aggiungendo a ciascun numero la somma delle sue cifre si ottiene:

11+2=13	970+16=986;
15+6=21; (8)	974+20=994; (8)
19+10=29; (8)	978+24=1002; (8)
23+5=28; (-1)	982+19=1001; (-1)
27+9=36; (8)	986+23=1009; (8)
31+4=35; (-1)	990+18=1008; (-1)
35+8=43; (8)	994+22=1016; (8)
39+12=51; (8)	998+26=1024; (8)
43+7=50; (-1)	1002+3=1005; (-19)
47+11=58; (8)	1006+7=1013; (8)
51+6=57; (-1)	1010+2=1012; (-1)
55+10=65; (8)	----------------------
59+14=73; (8)	1980+18=1998;
63+9=72; (-1)	1984+22=2006; (8)
67+13=80; (8)	1988+26=2014; (8)
71+8=79; (-1)	1992+21=2013; (-1)
75+12=87; (8)	996+25=2021; (8)
79+16=95; (8)	**2000+2=2002; (-19)**
83+11=94; (-1)	2004+6=2010; (8)
87+15=102; (8)	2008+10=2018; (8)

91+10=101; (-1)	2012+5=2007; (-1)
95+14=109; (8)	-----------------------
99+18=117; (8)	9984+30=10014;
103+4=107; (-10)	9988+34=10022; (8)
107+8=115; (8)	9992+29=1021; (-1)
111+3=114; (-1)	9996+33=1029; (8)
115+7=122; (8)	**10000+1=10001; (-28)**
119+11=130; (8)	10004+5=10009; (8)
123+6=129; (-1)	10008+9=10017; (8)
127+10=137; (8)	10012+4; 10016; (-1)
131+5=136; (-1)	
135+9=144; (8)	
139+13=152; (8)	
143+8=151; (-1)	

Ripetizione: 8, 8, -1, 8, -1;
8, 8, -1, 8, -1;
8, 8, -1, 8, -1...
Ogni 100, 1000, 10000, ecc. si registra un numero negativo.

__Distanza 4. Numero più la somma delle sue cifre. Ripetizione dello schema:__
__a, a, b, a, b (a=8, b=-1)__ ∞

Lo stesso schema ripetitivo delle distanze si ottiene partendo da 4.

Schema distanza 5

Partendo da 3 si hanno i numeri indicanti le distanze: 8, 13, 18, 23, 28, 33, 38, 43, ecc. Partendo da 5 si hanno i numeri indicanti le distanze: 5, 10, 15, 20, 25, 30, 35, 40, ecc. Questi numeri sono separati tra loro da quattro numeri intermedi. Il primo numero a due cifre è 13. Aggiungendo a ciascun numero la somma delle sue cifre si ottiene:

(a partire da 3)	**(a partire da 5)**
13+4=17;	10+1=11;

18+9=27; (10)   15+6=21; (10)
23+5=28; (1)   20+2=22; (1)
28+10=38; (10)   25+7=32; (10)
33+6=39; (1)   30+3=33; (1)
38+11=49; (10)   35+8=43; (10)
43+7=50; (1)   40+4=44; (1)
48+12=60; (10)   45+9=54; (10)
53+8=61; (1)   50+5=55; (1)
58+13=71; (10)   55+10=65; (10)
63+9=72; (1)   60+6=66; (1)
68+14=82; (10)   65+11= 76; (10)
73+10=83; (1)   70+7=77; (1)
78+15=93; (10)   75+12=87; (10)
83+11=94; (1)   80+8=88; (1)
88+16=104; (10)   85+13= 98; (10)
93+12=105; (1)   90+9=99; (1)
98+17=115;(10)   95+14=109; (10)
103+4=107; (-8)   **100+1=101; (-8)**
108+9=117; (10)   105+6=111; (10)
113+5=118; (1)   110+2=112; (1)
118+10=128; (10)   115+7=122; (10)
123+6=129; (1)   120+3=123; (1)
128+11=139; (10)   125+8=133; (10)

Ripetizione 10, 1; 10, 1; 10, 1; 10, 1…
Ogni 100, 1000, 10000, ecc. si registra un numero negativo.

Distanza 5. Numero più la somma delle sue cifre. Ripetizione dello schema:
a, b (a=10, b=1) ∞

Si ha lo stesso schema ripetitivo delle distanze sia partendo da 3 sia partendo da 5

Schema distanza 6

Partendo da 3 si hanno i numeri indicanti le distanze: 3, 9, 15, 21, 27, 33, 39, 45, 51, 57, ecc.

Partendo da 6 si hanno i numeri indicanti le distanze: 6, 12, 18, 24, 30, 36, 42, 48, 54, 60, ecc.

Questi numeri sono separati tra loro da 5 numeri intermedi.

Aggiungendo a ciascun numero la somma delle sue cifre si ottiene:

(a partire da 3)
15+6=21;
21+3=24; (3)
27+9=36; (12)
33+6=39; (3)
39+12=51; (12)
45+9=54; (3)
51+6=57; (3)
57+12=69; (12)
63+9=72; (3)
69+15=84; (12)
75+12=87; (3)
81+9=90; (3)
87+15=102; (12)
93+12=105; (3)
99+18=117; (12)
105+6=111; (-6)
111+3=114; (3)
117+9=126; (12)
123+6=129; (3)
129+12=141; (12)
135+9=144; (3)
141+6=147; (3)
147+12=159; (12)
153+9=162; (3)
159+15=174; (12)
165+12=177; (3)
171+9=180; (3)
177+15=192; (12)
Ripetizione: 12, 3, 3, 12, 3;
**   12, 3, 3, 12, 3;**
**   12, 3, 3, 12, 3...**

Ogni 100, 1000, 10000, ecc. si registra un numero negativo.

Distanza 6. Numero più la somma delle sue cifre. Ripetizione dello schema:
a, b, b, a, b (a=12, b=3) ∞
Lo stesso schema ripetitivo delle distanze si ottiene partendo da 6.

Schema distanza 7

Partendo da 3 si hanno i numeri indicanti le distanze: 3, 10, 17, 24, 31, 38, 45, 52, 59, 66, 73, 80, ecc.

Partendo da 7 si hanno i numeri indicanti le distanze: 7, 14, 21, 28, 35, 42, 49, 56, 63, 70, 77, 84, ecc. Questi numeri sono separati tra loro da sei numeri intermedi. Aggiungendo a ciascun numero la somma delle sue cifre si ottiene:

Questi numeri sono separati tra loro da sei numeri intermedi. Aggiungendo a ciascun numero la somma delle sue cifre si ottiene:

(a partire da 3)

10+1=11;	199+19=218; (14)
17+8=25; (14)	**206+8=214; (-4)**
24+6=30; (5)	213+6=219; (5)
31+4=35; (5)	220+4=224; (5)
38+11=49; (14)	----------------------
45+9=54; (5)	1060+7=1067;
52+7=59; (5)	1067+14=1081; (14)
59+14=73; (14)	1074+12=1086; (5)
66+12=78; (5)	1081+10=1091; (5)
73+10=83; (5)	1088+17=1105; (14)
80+8=88; (5)	1095+15=1110; (5)
87+15=102; (14)	**1102+4=1106; (-4)**
94+13=107; (5)	1109+11=1120; (14)
101+2=103; (-4)	1116+9=1125; (5)
108+9=117; (14)	1123+7=1130; (5)

115+7=122; (5)   1130+5=1135; (5)
122+5=127; (5)
129+12=141; (14)
136+10=146; (5)
143+8=151; (5)
150+6=156; (5)
157+13=170; (14)
164+11=175; (5)
171+9=180; (5)
178+16=194; (14)
185+14=199; (5)
192+12=204; (5)

Ripetizione: 14, 5, 5, 14, 5, 5, 14, 5, 5, 5;
14, 5, 5, 14, 5, 5, 14, 5, 5, 5;
14, 5, 5, 14, 5, 5, 14, 5, 5, 5...
Ogni 100, 1000, 10000, ecc. si registra un numero negativo.

Distanza 7. Numero più la somma delle sue cifre. Ripetizione dello schema:
a, b, b, a, b, b, a, b, b, b (a=14, b=3) ∞
Lo stesso schema ripetitivo delle distanze si ottiene partendo da 7.

Schema distanza 8

Partendo da 3 si hanno i numeri indicanti le distanze: 3, 11, 19, 27, 35, 43, 51, 59, ecc.

Partendo da 8 si hanno i numeri indicanti le distanze: 8, 16, 24, 32, 40, 48, 56, 64, ecc.

Questi numeri sono separati tra loro da sette numeri intermedi. Aggiungendo a ciascun numero la somma delle sue cifre si ottiene:

(a partire da 3)
11+2=13;   868+22=890; (16)
19+10=29; (16)   876+21=897; (7)
27+9=36; (7)   884+200904; (7)
35+8=43; (7)   892+19=911; (7)
43+7=50; (7)   **900+9=909; (-2)**

51+6=57; (7)
59+14=73; (16)
67+13=80; (7)
75+12=87; (7)
83+11=94; (7)
91+10=101; (7)
99+18=117; (16)
107+8=115; (-2)
115+17=122; (7)
123+6=129; (7)
131+5=136; (7)
139+13=152; (16)

820+10=830;
828+18=846; (16)
836+17=853; (7)
844+16=860; (7)
852+15=867; (7)
860+14=874; (7)

908+17=925; (16)
916+16=932; (7)
924+15=939; (7)
932+14=946; (7)
940+13=953; (7)
948+21=969; (16)
956+20=976; (7)
964+19=983; (7)
972+18=990; (7)

980+17=997; (7)
988+25=1013; (16)
996+24=1020; (7)
1004+5=1009; (-11)
1012+4=1016; (7)
1020+3=1023; (7)
1028+11=1039; (16)

Ripetizione: 16, 7, 7, 7, 7;
16, 7, 7, 7, 7;
16, 7, 7, 7, 7...
Ogni 100, 1000, 10000, ecc. si registra un numero negativo.

Distanza 8. Numero più la somma delle sue cifre. Ripetizione dello schema:
a, b, b, b, b (a=16, b=7)

Lo stesso schema ripetitivo delle distanze si ottiene partendo da 8.

Schema distanza 9

Partendo da 3 si hanno i numeri indicanti le distanze: 3, 12, 21, 30, 39, 48, 57, 66, 75, 84, ecc.

Partendo da 8 si hanno i numeri indicanti le distanze: 9, 18, 27, 36, 45, 54, 63, 72, 81, 90,ecc.

Questi numeri sono separati tra loro da otto numeri intermedi.

Aggiungendo a ciascun numero la somma delle sue cifre si ottiene:

A partire da 3

12+3=15;	246+12=258; (9)	480+12=492; (9)
21+3=24; (9)	255+12=267; (9)	489+21=510; (18)
30+3=33; (9)	264+12=276; (9)	
39+12=51; (18)	273+12=185; (9)	
48+12=60; (9)	282+12=294; (9)	
57+12=69; (9)	291+12=303; (9)	
66+12=78; (9)	300+3=303; (0)	
75+12=87; (9)	309+12=321; (18)	
84+12=96; (9)	318+12=330; (9)	
93+12=105; (9)	327+12=339; (9)	
102+3=105; (0)	336+12=348; (9)	
111+3=114; (9)	345+12=357; (9)	
120+3=123; (9)	354+12=366; (9)	
129+12=141; (18)	363+12=375; (9)	
138+12=150; ((9)	372+12=384; (9)	
147+12=159; (9)	381+12=393; (9)	
156+12=168; (9)	390+12=408; (9)	
165+12=177; (9)	399+21=320; (18)	
174+12=186; (9)	408+12=420; (0)	
183+12=195; (9)	417+12=429; (9)	
192+12=204; (9)	426+12=438; (9)	
201+3=204; (0)	435+12=447; (9)	
210+3=213; (9)	444+12=456; (9)	
219+12=231; (18)	453+12=465; (9)	
228+12=240; (9)	462+12=574; (9)	
237+12=249; (9)	471+12=483; (9)	

Ripetizione: 18, 9, 9, 9, 9, 9, 9, 9, 9, 9;

18, 9, 9, 9, 9, 9, 9, 9, 9, 9;
Ogni 100, 1000, 10000, ecc. si registra il numero 0.

Distanza 9. Numero più la somma delle sue cifre. Ripetizione dello schema:
a, b, b, b, b, b, b, b, b, b (a=18, b=9)

Lo stesso schema ripetitivo delle distanze si ottiene partendo da 9.

Moltiplicazione

Calcolo delle distanze tra i numeri moltiplicati per la somma delle loro cifre rispettive.

A partire da 10, ogni 10, 100, 1.000, 10.000, 1.000.000, 10.000.000, 100.000.000, 1.000.000.000 di numeri, e così via, poi moltiplicato sempre per 10, 100 e 1.000, si registrano le seguenti distanze:

distanza 79 ogni 10 numeri;
distanza 1.699 ogni 100 numeri;
distanza 25.999 ogni 1.000 numeri;
distanza 349.999 ogni 10.000 numeri;
distanza 4.399.999 ogni 100.000 numeri.

I numeri indicanti le distanze sono costituiti di due parti: la prima è quella che precede le cifre 9 (9, 99, 999, 9.999, 99.999, 999.999, 9.999.999, ecc.) (7, 16, 25, 34, 43, 52, 61, 70, 79, ecc.), la seconda è quella costituita dalle cifre 9. I numeri della prima parte coincidono con le distanze tra i numeri aumentati della somma delle loro cifre rispettive.

OSSERVAZIONE DIRETTA

A partire da 10, ogni 10 numeri si registra la distanza **79**, risultata dal seguente procedimento:

a)moltiplicazione dell'ultimo numero della prima serie (19, 29, 39, 49, 59…, 109, 119, 129, ecc.) per la somma delle sue cifre;

b)moltiplicazione del primo numero della serie successiva (20, 40, 50, 60, 70…, 110, 120, 130, 140, ecc.) per la somma delle sue cifre;

c)sottrazione tra il prodotto dell'ultimo numero della prima serie e quello del primo numero della serie successiva;

d)differenza, in linea verticale, tra i risultati ottenuti.

Esempio

(a)	(b)	(c)	(d)
19*10=190;	20*2=40;	190-40=150	
29*11=319;	30*3=90;	319-90=229	229-150=**79**
39*22=468;	40*4=160;	468-160=308	308-229=**79**
49*13=637;	50*5=250;	637-250=387	387-308=**79**
59*14=826;	60*6=360;	826-360=466	466-387=**79**
69*15=1.035;	70*7=490;	1.035-490=545	545-466=**79**
79*16=1.264;	80*8=640;	1.264-640=624	624-545=**79**
89*17=1.513;	90*9=810;	1.513-810=703	703-624=**79**
99*18=1.782;	100*1=100;	1.782-100=**1.682**	949-870=**79**
109*10=1.090;	110*2=220;	1.090-220=870	1028-949=**79…**
119*11=1.309;	120*3=360;	1.309-360=949	
129*12=1.548;	130*4=520;	1.548-520=1.028	

A partire da 100, ogni 100 numeri si registra la distanza **1.699**, risultata dallo stesso procedimento:

a)moltiplicazione dell'ultimo numero della serie precedente (199, 299, 399, 499, 599, ecc.) per la somma delle sue cifre;

b)moltiplicazione del primo numero della serie successiva (200, 300, 400, 500, ecc.) per la somma delle sue cifre;

c)sottrazione tra il prodotto dell'ultimo numero della serie precedente e quello del primo numero della serie successiva;

d)differenza, in linea verticale, tra i risultati ottenuti.

Esempio

(a)	(b)	(c)
199*19=3.781;	200*2=400	3781-400=3381
299*20=5.980;	300*3=600	5980-900=5080
399*21=8.379;	400*4=1.600	8379-1600=6779
499*22=10.978;	500*5=2.500	10.978-2.500=8.478
599*23=13.777;	600*6=3.600	13.777-3.600=10.177
699*24=16.776;	700*7=4.900	16.776-4.900=11.876
799*25=19.975;	800*8=6.400	19.975-6.400=13.575
899*26=23.374;	900*9=8.100	23.374-8.100=15.274
999*27=26.973;	1.000*1=1.000	26.973-1.000=25.973
1.099*19=20.881;	1.100*2=2.200	20.881-2.200=18.681
1.199*20=23.980;	1.200*3=3.600…	23.980-3.600=20.380

(d)

5.080-3.381=**1.699**
6.779-5.080=**1.699**
8.478-6.779=**1.699**
10.177-8.478=**1.699**
11.876-10.776=**1.699**
13.575-11.876=**1.699**
15.274-13.575=**1.699**
25.973-15.274=**10.699**
20.380-18.681=**1.699**

A partire da 1000, ogni 1.000 numeri si registra la distanza **25.999** tra l'ultimo numero della serie precedente e il primo numero della serie successiva, risultata dallo stesso procedimento:

a)moltiplicazione dell'ultimo numero della serie precedente (1.999, 2 999, 3 999, 4 999, 5 999, ecc.) per la somma delle sue cifre;

b)moltiplicazione del primo numero della serie successiva 2.000, 3.000, 4.000, 5.000, 6.000, ecc.) per la somma delle sue cifre;

c)sottrazione tra il prodotto dell'ultimo numero della serie precedente e quello del primo numero della serie successiva;

d) differenza, in linea verticale, tra i risultati ottenuti.

Esempio

(a)	(b)	(c)
1.999*28=55.972;	2.000*2=4.000;	55.972-4.000=51.972
2.999*29=86.971;	3.000*3=9.000;	86.971-9.000=77.971
3.999*30=119.970;	4.000*4=16.000;	119.970-16.000=103.970
4.999*31=154.969;	5.000*5=25.000;	154.969-25.000=129.969
5.999*32=191.968;	6.000*6=36.000;	191.968-36.000=155.968
6.999*33=230.967;	7.000*7=49.000;	230.967-49.000=181.967

(d)
77.971-51.972=**25.999**
103.970-77.971=**25.999**
129.969-103.970=**25.999**
155.968-129.969=**25.999**
181.967-155.968=**25.999**

A partire da 10.000, ogni 10.000 numeri si registra la distanza **349.999** tra l'ultimo numero della serie precedente e il primo della serie successiva, risultata dallo stesso procedimento:

a)moltiplicazione dell'ultimo numero della serie precedente (19.999, 29.999, 39.999, 49.999, 59.999, 69.999, ecc.) per la somma delle sue cifre;

b)moltiplicazione del primo numero della serie successiva (20.000, 30.000, 40.000, 50.000, 60.000, ecc.) per la somma delle sue cifre;

c)sottrazione tra il prodotto dell'ultimo numero della serie precedente e quello del primo numero della serie successiva;

d)differenza, in linea verticale, tra i risultati ottenuti.

Esempio

(a)	(b)	(c)
19.999*37= 739.963;	20.000*2=40.000;	739.963-40.000=699.963
29.999*38=1.139.962;	30.000*3=90.000;	1.139.962-90.000=1.049.962;
39.999*39=1.559.961;	40.000*4=160.000;	1.559.961-160.000=1.399.961;
49.999*40=1.999.960;	50.000*5=250.000;	1.999.960-250.000=1.749.960;
59.999*41=2.459.959;	60.000*6=360.000;	2.459.959-360.000=2.099.959;
69.999*42=2.939.958;	70.000*7=490.000;	2.939.958-490.000=2.449.958;

                          (d)
1.049.962-699.963=**349.999**
1.399.961-1.049.962=**349.999**
1.749.960-1.399.961=**349.999**
2.099.959-1.749.960=**349.999**
2.449.958-2.099.959=**349.999**...

A partire da 100.000, ogni 100.000 numeri si registra la distanza **4.399.999** tra l'ultimo della serie precedente e il primo della serie successiva, risultata dallo stesso procedimento:

a)moltiplicazione dell'ultimo numero della serie precedente (199.999, 299.999, 399.999, 499.000, 599.999, ecc.) per la somma delle sue cifre;

b)moltiplicazione del primo numero della serie successiva (200.000, 300.000, 400.000, 500.000, 600.000, ecc.) per la somma delle sue cifre;

b)sottrazione tra il prodotto dell'ultimo numero della serie precedente e quello del primo numero della serie successiva;

c)differenza tra i risultati ottenuti.

Esempio

(a)	(b)	(c)

199.999*46=9.199.954;   200.000*2=400.000;   9.199.954-400.000=8.799.954;

299.999*47=14.099.953;   300.000*3=900.000;   14.099.953-900.000=13.199.953;

399.999*48=19.199.952;   400.000*4=1.600.000;   19.199.952-1.600000=17.599.952;

499.999*49=24.499.951;   500.000*5=2.500.000;   24.499.951-2.500.000=21.999.951;

599.999*50=29.999.950;   600.000*6=3.600.000;   29.999.950-3.600.000=26.399.950;

699.999*51=35.699.949;   700.000*7=4.900.000;   35.699.949-4.900.000=30.799.949;

(d)

13.199.953-8.799.954=**4.399.999**

17.599.952-13.199.953=**4.399.999**

21.999.951-17.599.952=**4.399.999**

26.399.950-21.999.951=**4.399.999**

30.799.949-26.399.950=**4.399.999...**

Conclusioni. Individuazione di schemi ripetitivi nelle distanze tra i numeri naturali.

Distanze tra numeri naturali con operazioni di sottrazione, addizione e moltiplicazione.

Sottrazione

Date le distanze 3, 4, 5, 6, 7, 8 e 9 tra i numeri naturali, ciascuno diminuito della somma delle sue cifre. In ogni distanza si rileva uno schema che si ripete all'infinito.

Distanza 3. Numero meno la somma delle sue cifre: ripetizione dello schema:
a, a, b (a=3, b=4), ∞.
Distanza 4. Numero meno la somma delle sue cifre: ripetizione dello schema:
a, d (a=3, d=2), ∞

Distanza 5. Numero meno la somma delle sue cifre: ripetizione dello schema:

d (d=2), ∞.

Distanza 6. Numero meno la somma delle sue cifre: ripetizione dello schema:

d, d, c (d=2, c=1), ∞.

Distanza 7. Numero meno la somma delle sue cifre: ripetizione dello schema:

d, c, d, c, d, c, c (d=2, c=1), ∞.

Distanza 8. Numero meno la somma delle sue cifre: ripetizione dello schema:

d, c, c, c (d=2, c=1), ∞.

Distanza 9. d, c, c, c, c, c, c, c, c (d=2, c=1)

Addizione

Date le distanze 3, 4, 5, 6, 7, 8 e 9 tra i numeri naturali, ciascuno aumentato della somma delle sue cifre. In ogni distanza si rileva uno schema che si ripete all'infinito.

Distanza 3. Numero più la somma delle sue cifre. Ripetizione dello schema:

a, a, b, a, a, b, a, a, a, b (a=6, b=-3) ∞

Distanza 4. Numero più la somma delle sue cifre. Ripetizione dello schema:

a, a, b, a, b (a=8, b=-1) ∞

Distanza 5. Numero più la somma delle sue cifre. Ripetizione dello schema:

a, b (a=10, b=1) ∞

Distanza 6. Numero più la somma delle sue cifre. Ripetizione dello schema:

a, b, b, a, b (a=12, b=3) ∞

Distanza 7. Numero più la somma delle sue cifre. Ripetizione dello schema:

a, b, b, a, b, b, a, b, b, b (a=14, b=3) ∞

Distanza 8. Numero più la somma delle sue cifre. Ripetizione dello schema:

a, b, b, b, b (a=16, b=7)

Distanza 9. Numero più la somma delle sue cifre. Ripetizione dello schema:

a, b, b, b, b, b, b, b, b, b (a=18, b=9)

Moltiplicazione
<u>Calcolo delle distanze tra i numeri moltiplicati per la somma delle loro cifre rispettive.</u>
A partire da 10, ogni 10, 100, 1.000, 10.000, 1.000.000, 10.000.000, 100.000.000, 1.000.000.000 di numeri, e così via, poi moltiplicato sempre per 10, 100 e 1.000, si registrano le seguenti distanze:
distanza 79 ogni 10 numeri;
distanza 1.699 ogni 100 numeri;
distanza 25.999 ogni 1.000 numeri;
distanza 349.999 ogni 10.000 numeri;
distanza 4.399.999 ogni 100.000 numeri.

Cap. IX

Divisibilità nelle distanze

tra somme di numeri. Progressioni

<u>Distanza.</u>

La distanza tra la somma di n numeri consecutivi e la somma dei successivi n numeri consecutivi $= n^2$.

<u>Divisibilità.</u>

La somma di n numeri consecutivi, dove $n = 3$ oppure è multiplo di 3, è sempre un numero divisibile per 3. Con n diverso da 3 o da multiplo di 3 la divisibilità segue lo schema ABBA, dove A indica una somma divisibile per 3, B una somma non divisibile per 3.

Le distanze tra le distanze di somme di numeri consecutivi è un numero dispari e aumentano di due unità.

<u>OSSERVAZIONE DIRETTA</u>

Individuazione dei numeri divisibili per 3.

<u>Somma di due numeri.</u> Distanza 4

La distanza tra la somma di due numeri consecutivi e la somma dei successivi due numeri consecutivi è 4.

Nella distanza 4 della somma di due numeri la divisibilità segue lo schema **ABBA**, all'infinito, con A = somma divisibile per 3, B = somma non div. per 3.

Esempio:
7+8=**15**
9+10=19
11+12=23
13+14=**27**
15+16=31
17+18=35
19+20=**39,** etc.

Somma di tre numeri. Distanza 9

La distanza tra la somma di tre numeri consecutivi e la somma dei successivi tre numeri consecutivi è 9.

Nella distanza 9 la somma di tre numeri consecutivi è sempre divisibile per 3.

Esempio:
1+2+3=**6**
4+5+6=**15**
7+8+9=**24**
10+11+12=**33**
13+14+15=**42**
16+17+18=**51**
20+21+22= **63**
19+20+21=**60,** etc.

Tutte le somme div. per 3

Somma di quattro numeri. Distanza 16

La distanza tra la somma di quattro numeri consecutivi e la somma dei successivi quattro numeri consecutivi è 16.

Nella distanza 16 della somma di quattro numeri la divisibilità segue lo schema **ABBA**, all'infinito, con A = somma divisibile per 3, B = somma non div. per 3.

Esempio:
33+34+35+36=**138**
37+38+39+40=154
41+42+43+44=170
45+46+47+48=**186**
49+50+51+52=202
53+54+55+56=218
57+58+59+60=**234**, etc.

Somma di cinque numeri. Distanza 25

La distanza tra la somma di cinque numeri consecutivi e la somma dei successivi cinque numeri consecutivi è 25.

Nella distanza 25 della somma di cinque numeri la divisibilità segue lo schema **ABBA**, all'infinito, con A = somma divisibile per 3, B = somma non div. per 3.

Esempio:
16+17+18+19+20=**90**
21+22+23+24+25=115
26+27+28+29+30=140
31+32+33+34+35=**165**
36+37+38+39+40=190
41+42+43+44+45=215
46+47+48+49+50=**240**, etc.

Somma di sei numeri. Distanza 36

La distanza tra la somma di sei numeri consecutivi e la somma dei successivi sei numeri consecutivi è 36.

Nella distanza 36 la somma di sei numeri consecutivi è sempre divisibile per 3. Esempio:

7+8+9+10+11+12=**57**

13+14+15+16+17+18=**93**
19+20+21+22+23+24=**129**
25+26+27+28+29+30=**165**
75+76+77+78+79+80=**465**
120+121+122+123+124+125=**735**
891+892+893+894+895+896=**5361**, etc.
Tutte le somme div. per 3

Somma di sette numeri. Distanza 49

La distanza tra la somma di sette numeri consecutivi e la somma dei successivi sette numeri consecutivi è 49.

Nella distanza 49 della somma di sette numeri la divisibilità segue lo schema **ABBA**, all'infinito, con A = somma divisibile per 3, B = somma non div. per 3.

Esempio:
15+16+17+18+19+20+21=**126**
22+23+24+25+26+27+28=175
29+30+31+32+33+34+35=224
36+37+38+39+40+41+42=**273**
43+44+45+46+47+48+49=322
50+51+52+53+54+55+56=371
57+58+59+60+61+62+63=**420**, etc.

Somma di otto numeri. Distanza 64

La distanza tra la somma di otto numeri consecutivi e la somma dei successivi otto numeri consecutivi è 64.

Nella distanza 64 della somma di otto numeri la divisibilità segue lo schema **ABBA**, all'infinito, con A = somma divisibile per 3, B = somma non div. per 3.

Esempio:
1+2+3+4+5+6+7+8=**36**

8+9+10+11+12+13+14+15=100
17+18+19+20+21+22+23+24=164
25+26+27+28+29+30+31+32=**228**
33+34+35+36+37+38+39+40=292
41+42+43+44+45+46+47+48=356
49+50+51+52+53+54+55+56=**420**, etc.

Somma di nove numeri. Distanza 81

La distanza tra la somma di nove numeri consecutivi e la somma dei successivi nove numeri consecutivi è 81.

Nella distanza 81 la somma di nove numeri consecutivi è sempre div. per 3.

Esempio:
19+20+21+22+23+24+25+26+27=**207**
28+29+30+31+32+33+34+35+36=**288**
37+38+39+40+41+42+43+44+45=**369**
46+47+48+49+50+51+52+53+54=**450**
55+56+57+58+59+60+61+62+63=**531**
64+65+66+67+68+69+70+71+72=**612**
73+74+75+76+77+78+79+80+81=**693**, etc.
Tutte le somme div. per 3

Somma di dieci numeri. Distanza 100

La distanza tra la somma di dieci numeri consecutivi e la somma dei successivi dieci numeri consecutivi è 100.

Nella distanza 100 della somma di dieci numeri la divisibilità segue lo schema **ABBA**, all'infinito, con A = somma divisibile per 3, B = somma non div. per 3.

Esempio:
75+76+77+78+79+80+81+82+83+84=**795**
85+86+87+88+89+90+91+92+93+94=895
95+96+97+98+99+100+101+102+103+104=995

140

104+105+106+107+108+109+110+111+112+113=**1095**
115+116+117+118+119+120+121+122+123+124=1195
125+126+127+128+129+130+131+132+133+134=1295
135+136+137+138+139+140+141+142+143+144=**1395**, etc.

Somma di undici numeri. Distanza 121

La distanza tra la somma di undici numeri consecutivi e la somma dei successivi undici numeri consecutivi è 121.

Nella distanza 121 della somma di undici numeri la divisibilità segue lo schema **ABBA**, all'infinito, con A = somma divisibile per 3, B = somma non div. per 3.

Esempio:
1+2+3+4+5+6+7+8+9+10+11=**66**
12+13+14+15+16+17+18+19+20+21+22=187
23+24+25+26+27+28+29+30+31+32+33=308
34+35+36+37+38+39+40+41+42+43+44=**429**
45+46+47+48+49+50+51+52+53+54+55=550
56+57+58+59+60+61+62+63+64+65+66=671
67+68+69+70+71+72+73+74+75+76+77=**792**, etc.

Somma di dodici numeri. Distanza 144
La distanza tra la somma di dodici numeri consecutivi e la somma dei successivi dodici numeri consecutivi è 144.

Nella distanza 144 la somma di dodici numeri consecutivi è sempre div. per 3.

Esempio:
32+33+34+35+36+37+38+39+40+41+42+43=**450**
44+45+46+47+48+49+50+51+52+53+54+55=**594**
56+57+58+59+60+61+62+63+64+65+66+67=**738**
68+69+70+71+72+73+74+75+76+77+78+79=**882**
80+81+82+83+84+85+86+87+88+89+90+91=**1026**
92+93+94+95+96+97+98+99+100+101+102+103=**1170**

104+105+106+107+108+109+110+111+112+113+114+115=**1314**, etc.

Tutte le somme div. per 3

Metafore della stazione ferroviaria e dell'orologio

Si immagini una stazione ferroviaria divisa in tre parti, con tre entrate separate e indipendenti. In ciascuna di esse vi sono infiniti binari sui quali corrono infiniti treni. Per un viaggio di sola andata. E' la stazione ferroviaria dei numeri. In questa stazione non ci sono tralicci, traversine e cavi elettrici, ma solo numeri.

Nel primo ingresso ci sono i binari di numeri diminuiti della somma delle loro cifre rispettive; nel secondo, i binari dei numeri aumentati della somma delle loro cifre rispettive; nel terzo, i binari di numeri moltiplicati per la somma delle loro cifre rispettive.

In uno spazio separato esiste un altro binario, percorso da un treno di numeri particolari: i numeri primi. In questo treno, che si proietta anch'esso verso l'infinito, le carrozze diventano sempre più vuote. I viaggiatori scompaiono quasi del tutto. Quasi.

Binari del primo ingresso della stazione (numeri diminuiti della somma delle loro cifre)

Ogni binario si riferisce a una distanza.

1° binario.
A partire dal n. 100, ogni 10 numeri si registra la distanza **9** tra l'ultimo della serie precedente e il primo della serie successiva.

Il treno del 1° binario percorre la distanza 9 ogni 10 numeri, ∞.

142

Il treno del 2° binario percorre la distanza 18 ogni 100 numeri, ∞*.*

Il treno del 3° binario percorre la distanza 27 ogni 1.000 numeri, ∞*.*

Il treno del 4° binario percorre la distanza 36 ogni 10.000 numeri, ∞*.*

Il treno del 5° binario percorre la distanza 45 ogni 100.000 numeri, ∞*.*

Il treno del 6° binario percorre la distanza 54 ogni 1.000.000 di numeri, ∞*.*

7° binario: a partire da dieci milioni; ogni dieci milioni di numeri si registra la distanza **63**.

8° binario: a partire da cento milioni; ogni cento milioni di numeri si registra la distanza **72**.

9° binario: a partire da un miliardo; ogni miliardo di numeri si registra la distanza **81**.

10° binario: a partire da dieci miliardi; ogni dieci miliardi di numeri si registra la distanza **90**.

11° binario: a partire da cento miliardi; ogni cento miliardi di numeri si registra la distanza **99**.

12° binario: a partire da mille miliardi; ogni mille miliardi di numeri si registra la distanza **108**.

13° binario: a partire da diecimila miliardi; ogni diecimila miliardi di numeri si registra la distanza **117**.

14° binario: a partire da centomila miliardi; ogni centomila miliardi di numeri si registra la distanza **126**.

15° binario: a partire da un milione di miliardi; ogni milione di miliardi di numeri si registra la distanza **135**.

Infiniti binari della prima entrata della stazione ferroviaria numerica fanno registrare infinite distanze, tra loro separate sempre da 9 punti (9, 18, 27, 36, 45, 54, 63, 72, 81, 90, 99, 108, 117, 126, 135 e così via, all'infinito). Ogni binario indica una distanza. La somma delle cifre delle distanze risulta sempre 9.

Tutti i numeri indicanti le distanze del 2° ingrasso sono divisibili per 3

<u>Binari del secondo ingresso della stazione (numeri aumentati della somma delle loro cifre)</u>

Il treno del 1° binario percorre la distanza 7 ogni 10 numeri, ∞.
Il treno del 2° binario percorre la distanza 16 ogni 100 numeri, ∞
Il treno del 3° binario percorre la distanza 25 ogni 1.000 numeri, ∞
Il treno del 4° binario percorre la distanza 34 ogni 10.000 numeri, ∞
Il treno del 5° binario percorre la distanza 43 ogni 100.000 numeri, ∞.
Il treno del 6° binario percorre la distanza 52 ogni 1.000.000 di numeri, ∞.
7° binario. (a partire da dieci milioni) Ogni dieci milioni di numeri si registra la distanza **61**.
8° binario. (a partire da cento milioni) Ogni cento milioni di numeri si registra la distanza **70**.
9° binario. (a partire da 1miliardo) Ogni miliardo di numeri si registra la distanza **79.**
10° binario. (a partire da dieci miliardi) Ogni dieci miliardi di numeri si registra la distanza **88**.
11°binario. (a partire da cento miliardi) Ogni cento miliardi di numeri si registra la distanza **97**.
12° binario. (a partire da mille miliardi) Ogni mille miliardi di numeri si registra la distanza **106**.
13° binario. (a partire da diecimila miliardi) Ogni diecimila miliardi di numeri si registra la distanza **115**.
14° binario. (a partire da centomila miliardi) Ogni centomila miliardi di numeri si registra la distanza **124**.
15° binario. (a partire da un milione di miliardi) Ogni milione di miliardi di numeri si registra la distanza **133**.

Infiniti binari della seconda entrata della stazione ferroviaria numerica fanno registrare infinite distanze, tra loro separate sempre da 9 numeri, tranne la distanza 7 del primo binario (16, 25, 34, 43, 52, 61, 70, 79, 88, 97, 106, 115, 124, 133, ecc.).

Ogni binario indica una distanza. La somma delle cifre della distanza è sempre 7.

<u>Binari del terzo ingresso della stazione (numeri moltiplicati per la somma delle loro cifre)</u>

Il treno del 1° binario percorre la distanza 79 ogni 10 numeri, ∞

Il treno del 2° binario percorre la distanza 1.699 ogni 100 numeri, ∞.

Il treno del 3° binario percorre la distanza 25.999 ogni 1000 numeri, ∞

Il treno del 4° binario percorre la distanza 349.999 ogni 10.000 numeri, ∞

Il treno del 5° binario percorre la distanza 4.399.999 ogni 100.000 numeri, ∞.

La metafora dell'orologio

La seconda metafora di questo capitolo è l'orologio dei numeri.

L'unità di misura del tempo in passato era riferita al moto apparente del Sole attorno alla Terra.

Poi si decise di prendere come campione di tempo il periodo di oscillazione delle onde luminose emesse da un atomo di cesio 133 in una particolare transizione atomica.

Lo strumento per misurare il tempo è l'orologio. Un dispositivo si muove ritmicamente e un altro fornisce energia per mantenere questo moto. Una serie di ruote e rinvii rendono visibile il trascorrere del tempo, attraverso il quadrante e le lancette.

Nell'orologio numerico non esiste questa strumentazione. E non occorrono interventi di correzione sulla misura della durata dei mesi, anni, secoli. Per esempio, l'anno bisestile, l'aggiornamento delle fasi lunari, la regolazione ogni 100 anni del calendario perpetuo.

La divisione della durata del tempo numerico si fonda sulla serie infinita dei numeri naturali, che non sono soggetti a interventi di correzione.

In ciascuna dei tre ingressi della stazione ferroviaria ne è collocato uno.

L'orologio numerico è certamente frutto di un'idea bizzarra. Forse non si potrà mai costruire. Forse.

Orologio numerico: binari del primo ingresso della stazione.

I primi nove binari del primo ingresso della stazione ferroviaria numerica sono: 9, 18, 27, 36, 45, 54, 63, 72, 81.

La prima sfera dell'orologio percorre la distanza **9**. Compie un giro completo ogni 10 numeri. Paragonabile alla velocità del nanosecondo. (non si vede a occhio nudo)

La seconda sfera percorre la distanza **18**. Compie un giro completo ogni 100 numeri. Paragonabile alla velocità del microsecondo.
(non si vede a occhio nudo)

La terza sfera percorre la distanza **27**. Compie un giro completo ogni 1.000 numeri. Paragonabile alla velocità del secondo.

La quarta sfera percorre la distanza **36**. Compie un giro completo ogni 10.000 numeri. Paragonabile alla velocità del minuto.

La quinta sfera percorre la distanza **45**. Compie un giro completo ogni 100.000 numeri. Paragonabile alla velocità dell'ora.

La sesta sfera percorre la distanza **54**. Compie un giro completo ogni 1.000.000 di numeri. Paragonabile alla velocità del giorno.

La settima sfera percorre la distanza **63**. Compie un giro completo ogni 10.000.000 di numeri. Paragonabile alla velocità del mese.

L'ottava sfera percorre la distanza **72**. Compie un giro completo ogni 100.000.000 di numeri. Paragonabile alla velocità dell'anno.

La nona sfera percorre la distanza **81**. Compie un giro completo ogni 1.000.000.000 di numeri. Paragonabile alla velocità del secolo.

Tutti i numeri indicanti le distanze percorse dalle sfere dell'orologio del 1°
ingresso della stazione risultano divisibili per 3

Orologio numerico: binari del secondo ingresso della stazione.

I primi nove binari del secondo ingresso della stazione ferroviaria numerica sono: 7, 16, 25, 34, 43, 52, 61, 70, 79.

La prima sfera dell'orologio percorre la distanza **7**. Compie un giro completo ogni 10 numeri. Paragonabile alla velocità del nanosecondo. (non si vede a occhio nudo)

La seconda sfera percorre la distanza **16**. Compie un giro completo ogni 100 numeri. Paragonabile alla velocità del microsecondo. (non si vede a occhio nudo)

La terza sfera la distanza **25**. Compie un giro completo ogni 1.000 numeri. Paragonabile alla velocità del secondo.

La quarta sfera percorre la distanza **34**. Compie un giro completo ogni 10.000 numeri. Paragonabile alla velocità del minuto.

La quinta sfera percorre la distanza **43**. Compie un giro completo ogni 100.000 numeri. Paragonabile alla velocità dell'ora.

La sesta sfera percorre la distanza **52**. Compie un giro completo ogni 1.000.000 di numeri. Paragonabile alla velocità del giorno.

La settima sfera percorre la distanza **61**. Compie un giro completo ogni 10.000.000 di numeri. Paragonabile alla velocità del mese.

L'ottava sfera percorre la distanza **70**. Compie un giro completo ogni 100.000.000 di numeri. Paragonabile alla velocità dell'anno.

La nona sfera percorre la distanza **79**. Compie un giro completo ogni 1.000.000.000 di numeri. Paragonabile alla velocità del secolo.

Orologio numerico: binari del terzo ingresso della stazione.

I primi nove binari del terzo ingresso della stazione ferroviaria numerica sono: 79, 1.699, 25.999, 349.999, 4.399.999, 52.999.999, 619.999.999, 7.099.999.999, 79.999.999.999.

La prima sfera percorre la distanza **79**. Compie un giro completo ogni 10 numeri. Paragonabile alla velocità del nanosecondo. (non si vede a occhio nudo)

La seconda sfera percorre la distanza **1.699**. Compie un giro completo ogni 100 numeri. Paragonabile alla velocità del microsecondo. (non si vede a occhio nudo)

La terza sfera percorre la distanza **25.999**. Compie un giro completo ogni 1000 numeri. Paragonabile alla velocità del secondo.

La quarta sfera percorre la distanza **349.999**. Compie un giro completo ogni 10.000 numeri. Paragonabile alla velocità del minuto.

La quinta sfera percorre la distanza **4.399.999**. Compie un giro completo ogni 100.000 numeri. Paragonabile alla velocità dell'ora.

La sesta sfera percorre la distanza **52.999.999**. Compie un giro completo ogni 1.000.000 di numeri. Paragonabile alla velocità del giorno.

La settima sfera percorre la distanza **619.999.999**. Compie un giro completo ogni 10.000.000 di numeri. Paragonabile alla velocità del mese.

L'ottava sfera percorre la distanza **7.099.999.999**. Compie un giro completo ogni 100.000.000 di numeri. Paragonabile alla velocità dell'anno.

La nona sfera percorre la distanza **79.999.999.999**. Compie un giro completo ogni 1.000.000.000 di numeri. Paragonabile alla velocità del secolo.

"PROGRESSIONI" TRA I NUMERI NATURALI

La progressione tra i numeri naturali si ottiene con la sottrazione, l'addizione e la moltiplicazione con la somma delle loro cifre.

Individuazione delle progressioni tra i numeri naturali

a)Numero naturale - somma delle sue cifre = 9, poi un multiplo di 9, in una progressione che va da 9 a 18 a 27 a 36 a 45, ecc. (col. A)

b)Numeri naturali + somma delle loro cifre = una progressione di dieci numeri dispari seguita da una progressione di dieci numeri pari. (col. B)

c)Tra l'inizio di una progressione e l'inizio della successiva intercorrono 11 unità. (col. B) Es.: 11, 22, 33, 44, etc.

d)Numeri naturali moltiplicati per la somma delle loro cifre rispettive = progressione di dieci numeri pari seguita da una progressione di dieci numeri, pari/dispari, pari/ dispari. (col. C)

e)Le differenze tra due prodotti consecutivi, in linea verticale, danno una progressione di nove numeri pari seguita da una progressione di nove numeri dispari. (col. D)

f)La differenza tra le singole unità delle progressioni risulta sempre di due unità, in un crescendo che si declina alternandosi in dieci unità pari/dispari. (col. D)

Tabella

Col. A	Column B	Column C	Column D
2			
3			
4			
5			

6				
7				
8				
9				
10	9	10+1=11	10x1=10	
11	9	13	22	22-10=12
12	9	15	36	36-22=14
13	9	17	52	52-36=16
14	9	19	70	70-52=18
15	9	21	90	90-70=20
16	9	23	112	112-90=22
17	9	25	136	136-112=24
18	9	27	162	162-136=26
19	9	29	190	190-162=28
20	18	20+1=22	20x2=40	190-40=150
21	18	24	63	63-40=23
22	18	26	88	88-63=25
23	18	28	115	115-88=27
24	18	30	144	144-115=29
25	18	32	175	175-144=31
26	18	34	208	208-175=33
27	18	36	243	243-208=35
28	18	38	280	280-243=37
29	18	40	319	319-280=39
30	27	30+3=33	30x3=90	124-90=34
31	27	35	124	160-124=36
32	27	37	160	198-160=38
33	27	39	198	238-198=40
34	27	41	238	280-238=42
35	27	43	280	324-280=44
36	27	45	324	370-324=46
37	27	47	370	418-370=48
38	27	49	418	468-418=50

39	27	51	468	468-160=308
40	36	40+4=44	40x4=160	205-160=45
41	36	46	205	252-205=47
42	36	48	252	301-252=49
43	36	50	301	352-301=51
44	36	52	352	405-352=53
45	36	54	405	460-405=55
46	36	56	460	517-460=57
47	36	58	517	576-517=59
48	36	60	576	637-576=61
49	36	62	637	637-250=387
50		50+5=55	50x5=250	

a) in colonna A; b) in colonna B; c) in colonna B; d) in colonna C; e) in colonna D f) in colonna D)

Cap. X

MCD. RIDUZIONE ALLA MINIMA COMUNE DISTANZA DI PRODOTTI DI NUMERI CONSECUTIVI. DIVISIBILITA'

La distanza tra prodotti è un numero fisso, direttamente proporzionato alla quantità di fattori presenti nel prodotto.

Tranne il prodotto di due numeri consecutivi, tutti gli altri prodotti di numeri consecutivi risultano divisibili per 3.

Le distanze tra prodotti di numeri consecutivi sono:
prodotti di 2 numeri consecutivi – distanza 8
prodotti di 3 numeri consecutivi – distanza 162
prodotti di 4 numeri consecutivi – distanza 6.144
prodotti di 5 numeri consecutivi – distanza 375.000
prodotti di 6 numeri consecutive – distanza 33.592.320
prodotti di 7 numeri consecutive – distanza 4.150.656.720

<u>OSSERVAZIONE DIRETTA</u>

<u>Prodotti di 2 numeri. Minima Comune Distanza (MCD) = 8</u>

1x2=2

--------------------10

3x4=12   -------------**8**

--------------------18

5x6=30   ------------**8**

------------------26

7x8=56   ------------**8**

------------------34

9x10=90   ------------**8**

------------------42

11x12=132   ------------**8**

------------------50

13x14=182   ------------**8**

------------------58

15x16=240   ------------**8**

------------------66

17x18=306   ------------**8**

------------------74

1^ differenza   2^ differenza
12-2=10   18-10=**8,** etc. **(MCD)**

Prodotti di 3 numeri. Minima Comune Distanza (MCD = 162

1x2x3=6

-----------------------114

4x5x6=120---------------------270

----------------------384----------------**162**

7x8x9=504--------------------432

----------------------816----------------**162**

10x11x12=1320---------------594

----------------------1.410---------------**162**

13x14x15=2.730--------------756

----------------------2.166----------------**162**

16x17x18=4.896--------------918

----------------------3.084----------------**162**

19x20x21=7.980--------------1.080

----------------------4.164----------------**162**

22x23x24=12.144-----------1.242.

----------------------5.406----------------**162**

25x26x27=17,550------------1.404

1^ differenza	2^ differenza	3^ differenza
120-6=114	384-114=270	432-270=**162**, etc. **(MCD)**

504-120=384   816-384=432

1.320-504=816

Tutti i prodotti e le differenze risultano div. per 3

Prodotti di 4 numeri. Minima Comune Distanza (MCD) = 6.144

1x2x3x4=24

-----------------------------1.656

5x6x7x8=1.680--------------------------8.544

----------------------------10.200----------------13.056

9x10x11x12=11.880------------------21.600--------------**6.144**

----------------------------31.800----------------19.200

13x14x15x16=43.680----------------40.800--------------**6.144**

----------------------------72.600----------------25.344

17x18x19x20=116.280--------------66.144--------------**6.144**

----------------------------138.744--------------31.488

21x22x23x24=255.024--------------97.632--------------**6.144**

----------------------------236.376--------------37.632

25x26x27x28=491.400--------------135.264------------**6.144**

----------------------------371.640--------------43.778

29x30x31x32=863.040----------------179.040-------------**6.144**

--------------------------------550.680-------------49.920

33x34x35x36=1.413.720

1^ differenza	2^ differenza	3^ differenza
1.680-24=1.656	10.200-1.656=8.544	21.600-
8.544=13.056		
11.880-1.680=10.200	31.800- 10.200=21.600	40.800-
21.600=19.200		
43.680-11.880=31.800	72.600-31.800=40.800	
116.280-43.680=72.600		

4^ differenza
19.200-13.056=**6.144,** etc. **(MCD)**
Tutti i prodotti e le differenze risultano div. per 3

Prodotti di 5 numeri. Minima Comune Distanza (MCD) = 375.000

1x2x3x4x5=120

--------------------------------3.0120

 6x7x8x9x10=30.240----------------------300.000

--------------------------------330.120--------------------870.000

11x12x13x14x15=360.360----------------1.170.000---------------
975.000

-------------------------------1.500.120------------------1.845.000---------

--**375.000**

16x17x18x19x20=1.860.480--------------3.015.000----------------
1.350.000

-------------------------------4.515.120--------------------3.195.000--------

-**375.000**

21x22x23x24x25=6.375.600--------------6.210.000----------------
1.725.000

------------------------------10.725.120-------------------4.920.000---------

--**375.000**

26x27x28x29x30=17.100.720------------11.130.000----------------
2.100.000

------------------------------21.855.120—----------------7.020.000---------

--**375.000**

31x32x33x34x35=38.955.840------------18.150.000----------------
2.295.000

------------------------------40.005120------------------9.315.000---------

--**375.000**

36x37x38x39x40=78.960.960------------27.645.000----------------
3.030.000

------------------------------67.650.120------------------12.345.000

41x42x43x44x45=146.611.080

158

1^ differenza   2^ differenza

30.240-120=30.120   330.120-30.120=300.000

360.360-30.240=330.120   1.500.120-330.120=1.770.000
1.860.480-360.360=1.500.120   4.515.120-1500.120=3.015.000
6.375.600-1.860.480=4.515.120   10.725.120-
4.515.120=6.210.000
17.100.720-6.375.600=10.725.120
3^ differenza
1.770.000-300.000=870.000
3.015.000-1.770.000=1.845.000
6.210.000-3.015.000=3.195.000
4^ differenza   5^ differenza
1.845.000-870.000=975.000   1.350.000-975.000=**375.000.**
etc. **(MCD)**
3.195.000-1.845.000=1.350.000
Tutti i prodotti e le differenze risultano div. per 3

**<u>Prodotto di 6 numeri. Minima Comune Distanza(MCD) =
33.592.320</u>**

1x2x3x4x5x6= 720

-------------------------------------664.560

7x8x9x10x11x12= 665.280-------------------12.036.240

-------------------------------------12.700.800--------------58.806.000

13x14x15x16x17x18=13.366.080------------70.842.240---------------
117.417.600

-------------------------------------83.543.040---------------176.223.600-
-------------103.576.320

19x20x21x22x23x24=96.909.120-----------247.065.840-----------
220.993.920----**33.592.320**

---------------------------------------330.608.880-------------
397.217.520-------------137.168.640

25x26x27x28x29x30=427.518.000-----------644.283.360-----------
358.162.560----**33.592.320**

---------------------------------------974.892.240-------------
755.380.080-------------170.760.960

31x32x33x34x35x36=1.402.410.240---------1.399.663.440----------
528.923.520----**33.592.320**

---------------------------------------2.374.555.680---------- -
1.284.303.600------------204.353.280

37x38x39x40x41x42=3.776.965.920---------2.683.967.040---------
733.276.800-----**33.592.320**

---------------------------------------5.058.522.720------------
2.017.580.400------------237.945.600

43x44x45x46x47x48=8.835.488.640-------- 4.701.547.440-----------
971.222.400

1^ differenza	2^ differenza
665.280-720=664.560	12.700.800-
664.560=12.036.240	
13.366.080-665.280=12.700.800	83.543.040-
12.700.800=70.842.240	
96.909.120-13.366.080=83.543.040	330.608.880-
83.543.040=247.065.840	

427.518.000-96.909.120=330.608.880   974.892.240-
330.608.880=644.283.360
1.402.410.240-427.518.000=974.892.240   2.374.555.680-
974892.240=1.399.663.440
3.776.965.920-1.402.410.240=2.374.555.680

3^ differenza   4^ differenza
70.842.240-12.036.240=58.806.000   176.223.600-
58.806=117.417.600
247.065.840-70.842.240=176.223.600   397.217.520-
176.223.600=220.993.920
644.283.360-247.065.840=397.217.520   755.380.080-
397.217.520=358.162.560
1.399.663.440-644.283.360=755.380.080   1.284.303.600-
755.380.080=528.923.520

5^ differenza
220.993.920-117.417.600=103.576.320   6^ differenza
358.162.560-220.993.920=137.168.640   137.168.640-
103.576.320=**33.592.320 (MCD)**
528.923.520-358.162.560=170.760.960   170.760.960-
137.168.640=**33.592.320.** etc.
Tutti i prodotti e le differenze risultano div. per 3

Prodotto di 7 numeri. Minima Comune Distanza (MCD) = 4.150.656.720

1x2x3x4x5x6x7=5.040

8x9x10x11x12x13x14=17.297.280

15x16x17x18x19x20x21=586.051.200

22x23x24x25x26x27x28=6.967.561.600

29x30x31x32x33x34x35=33.891.580.800

36x37x38x39x40x41x42=135.970.773.120

43x44x45x46x47x48x49=432.938.943.360

50x51x52x53x54x55x56=1.168.863.696.000

57x58x59x60x61x62x63=2.788.484.181.840

1^ differenza

17.297.280-5.040=17.292.240

586.051.200-17.297=568.753.920

6.967.561.600-586.051.200=5.381.510.400

33.891.580.800-6.967.561.600=27.924.019.200

135.970.773.120-33.891580.800=102.079.192.320

432.938.943.360-135.970.773.120=296.968.170.240

1.168.863.696.000-432.938.943.360=735.924.752.640

2.788.484.181.840-1.168.863.696.000=1.619.620.485.840

2^ differenza

568.753.920-17.292.240=551.461.680

5.381.510.400-568.753.920=4.812.756.480

27.924.019.200-5.381.510.400=22.542.508.800

102.079.192.320-27.924.019.200=74.155.173.120

296.968.170.240-102.079.192.320=194.888.977.920

735.924.752.640-296.968.170.240=438.956.582.400

1.619.620.485.840-735.924.752.640=883.695.733.200

3^ differenza

4.812.756.480-551.461.680=4.261.294.800

22.542.508.800-4.812.756.480=17.729.752.320

74.155.173.120-22.542.508.800=51.612.664.320

194.888.977.920-74.155.173.120=120.733.804.800

438.956.582.400-194.888.977.920=244.067.604.480

883.695.733.200-438.956.582.400=444.739.150.800

4^ differenza

17.729.752.320-4.261.294.800=13.468.457.520

51.612.664.320-17.729.752.320=33.882.912.000

120.733.804.800-51.612.664.320=69.121.140.480

244.067.604.480-120.733.804.800=123.333.799.680

444.739.150.800-244.067.604.480=200.671.546.320

5^ differenza

33.882.912.000-13.468.457.520=20.414.454.480

69.121.140.480-33.882.912.000=35.238.228.480

123.333.799.680-69.121.140.480=54.212.659.200

200.671.546.320-123.333.799.680=77.337.746.640

6^ differenza

35.238.228.480-20.414.454.480=14.823.774.000

54.212.659.200-35.238.228.480=18.974.430.720

77.337.746.640-35.238.228.480=23.125.087.440

7^ differenza

18.974.430.720-14.823.774.000=**4.150.656.720 (MCD)**

23.125.087.440-18.974.430.720=**4.150.656.720**. etc.

Tutti i prodotti e le differenze risultano div. per 3

Cap. XI

Potenze dei numeri

Schemi ripetitivi

A)Esame delle potenze di numeri con ultima cifra: 1, 3, 5, 7, 9.
Nella successione delle potenze di numeri con ultima cifra 1, 3, 5, 7, 9 si rilevano alcuni schemi che si ripetono all'infinito.

Numero terminante con la cifra 1
schema 1; 1; 1; 1....
Numero terminante con la cifra 3
schema 9/7/1/3; 9/7/1/3; 9/7/1/3; 9/7/1/3...
Numero terminante con la cifra 5
schema 5;   5;   5...
Numero terminante con la cifra 7
schema 9/3/1/7; 9/3/1/7; 9/3/1/7; 9/3/1/7...
Numero terminante con la cifra 9
schema 1/9; 1/9; 1/9; 1/9...

B)Esame delle potenze di numeri con cifra terminale 2, 4, 6, 8.
Anche nella successione delle potenze di numeri con cifra terminale
2, 4, 6, 8 si rilevano alcuni schemi, che si ripetono all'infinito.

Numero terminante con la cifra 2
schema 4/ 8/ 6/ 2; 4/8/6/2;   4/8/6/2; 4/8/8/2...
Numero terminante con la cifra 4
schema 6/4/6/4;   6/4/6/4;   6/4/6/4;   6/4/6/4...
Numero terminante con la cifra 6
schema 6;   6;   6...
Numero terminante con la cifra 8
schema 4/2/6/8;   4/2/6/8;   4/2/6/8;   4/2/6/8...

OSSERVAZIONE DIRETTA

**A)Esame delle potenze di numeri con cifra terminale 1, 3, 5, 7, 9.
Rilevamento di schemi.**

1)Numero terminante con la cifra **1**.
Nella successione delle sue potenze si rileva lo schema **1; 1; 1; 1….**
Esempio
81^2=6.56**1**;
81^3=531.44**1**;
81^4=43.046.72**1**;
81^5=3.486.784.40**1**;
81^6=282.429.536.48**1**;
81^7=22.876.792.454.96**1**;
81^8=1.853.020.188.851.84**1**…
2)Numero terminante con la cifra **3**.
Nella successione delle sue potenze si rileva lo schema **9/7/1/3;
9/7/1/3;   9/7/1/3;   9/7/1/3…**

Esempio
13^2= 16**9**;
13^3= 2.19**7**;
13^4= 28.56**1**;
13^5= 371.29**3**;

13^6= 4.826.80**9**;
13^7= 62.748.51**7**;
13^8= 815.730.72**1**;
13^9= 10.604.499.37**3**;

13^{10}= 137.858.491.84**9**;
13^{11}= 1.792.160.394.03**7**;

3)Numero terminante con la cifra **5**
Nella successione delle sue potenze si rileva lo schema **5;   5;
5…**

Esempio

15^2=22**5**
15^3=3.37**5**
15^4=50.62**5**
15^5=759.37**5**
15^6=11.390.62**5**
15^7=170.859.37**5**
15^8=2.562.890.62**5**
15^9=38.443.359.37**5**
15^10=576.650.390.62**5**
15^11=8,649.755.859.37**5**
15^12=129.746.337.890.62**5**...
4)Numero terminante con la cifra **7**.
Nella successione delle sue potenze si rileva lo schema **9/3/1/7**;
9/3/1/7; **9/3/1/7**; **9/3/1/7**...
Esempio
27^2=72**9**;
27^3=19.68**3**;
27^4=531.44**1**;
27^5=14.348.90**7**;

27^6=387.420.48**9**;
27^7=10.460.353.20**3**;
27^8=282.429.536.48**1**;
27^9=7.625.597.484.98**7**;

27^10=205.891.132.094.64**9**;
27^11=5.559.060.566.555.52**3**...
5)Numero terminante con la cifra **9**.
Nella successione delle sue potenze si rileva lo schema **1/9**; **1/9**;
1/9; **1/9**...
Esempio
39^2=1.52**1**;
39^3=59.31**9**;

39^4=2.313.44**1**;
39^5=90.224.19**9**;

39^6=3.518.743.76**1**;

39^7=137.231.006.679;

39^8=5.352.009.260.481;
39^9=208.728.361.158.759;

Le potenze dei numeri con cifra terminale 1, 5, 7, 9 risultano div. per 3

B)Esame delle potenze di numeri con cifra terminale 2, 4, 6, 8. Rilevamento di schemi.

Anche nella successione delle potenze di numeri con cifra terminale 2, 4, 6, 8 si rilevano alcuni schemi che si ripetono all'infinito.

1)Numero terminante con la cifra **2**.
Nella successione delle sue potenze si rileva lo schema **4/ 8/ 6/ 2; 4/8/6/2;   4/8/6/2; 4/8/8/2...**
Esempio
12^2=14**4**
12^3=1.72**8**
12^4=20.73**6**
12^5=248.83**2**

12^6=2.985.98**4**
12^7=35.831.80**8**
12^8=429.981.69**6**
12^9=5.159.780.35**2**

12^10=61.917.364.22**4**
12^11=743.008.370.68**8**
12^12=8.916.100.448.25**6**...

2)Numero terminante con la cifra **4**.
Nella successione delle sue potenze si rileva lo schema **6/4/6/4; 6/4/6/4;   6/4/6/4;   6/4/6/4...**
Esempio
14^2=19**6**
14^3=2.74**4**

14^4=38.416
14^5=537.824

14^6=7.529.536
14^7=105.413.504
14^8=1.475.789.056
14^9=20.661.046.784

14^10=289.254.654.976
14^11=4.049.565.169.664

3)Numero terminante con la cifra **6.**
Nella successione delle sue potenze si rileva lo schema **6;   6;   6...**

Esempio
16^2=25**6**
16^3=4.09**6**

16^4=65.53**6**
16^5=104.857**6**
16^6=16.777.21**6**
16^7=268.435.45**6**
16^8=4.294.967.29**6**
16^9=68.719.476.73**6**
16^10=1.099.511.627.77**6**
16^11=17.592.186.044.41**6**
16^12=281.474.976.710.65**6...**

4)Numero terminante con la cifra **8.**
Nella successione delle sue potenze si rileva lo schema **4/2/6/8;**
4/2/6/8;   4/2/6/8;   4/2/6/8...

Esempio

18^2=32**4**

18^3=5.83**2**

18^4=104.976
18^5=1.889.568

18^6=34.012.224
18^7=612.220.032
18^8=11.019.960.576
18^9=198.359.290.368

18^10=3.570.467.226.624
18^11=64.268.410.079.232
18^12=1.156.831.381.426.176...

Le potenze dei numeri con cifra terminale 2 e 8 risultano div. per 3

Cap. XI

Riduzione alla Minima

Comune Distanza delle radici

Premessa

RADICI PRINCIPALI E RADICI SECONDARIE
COMBINAZIONI DELL'ULTIMA CIFRA DEL RADICANDO

Radici principali: quadrata, cubica, quarta, quinta.
Tutte le altre radici con indice superiore sono radici secondarie.
Ogni 10 radicandi di una radice è presente sempre la stessa combinazione di cifre.
Nelle radici secondarie sono presenti le stesse combinazioni delle radici principali.

Radice quadrata: le ultime 10 cifre dei radicandi sono presenti nelle radici sesta, decima, quattordicesima, diciottesima, ventiduesima, etc., ogni 4 indici, a partire da 2.

Radice cubica: le ultime 10 cifre dei radicandi sono presenti nelle radici settima, undicesima, quindicesima, diciannovesima, ventitreesima, etc. , ogni quattro indici, a partire da 3.

Radice quarta: le ultime 10 cifre dei radicandi sono presenti nelle radici ottava, dodicesima, sedicesima, ventesima, ventiquattresima, etc., ogni quattro indici, a partire da 4.

Radice quinta: le ultime 10 cifre dei radicandi sono presenti nelle radici nona, tredicesima, diciassettesima, ventunesima, venticinquesima , etc., ogni quattro indici, a partire da 5.

Ultima cifra del radicando. Quattro combinazioni di 10 cifre
Radice quadrata: 1, 4, 9, 6, 5, 6, 9, 4, 1, 0
radice cubica: 1, 8, 7, 4, 5, 6, 3, 2, 9, 0

radice quarta: 1, 6, 1, 6, 5, 6, 1, 6, 1, 0
radice quinta: 1, 2, 3, 4, 5, 6, 7, 8, 9, 0

OSSERVAZIONE DIRETTA

radice quad.	radice cubica	radice quarta	radice quinta
1 – 1	1 - 1	1 – 1	1 - 1
2 – 4	2 – 8	2 – 16	2 - 32
3 – 9	3 - 27	3 – 81	3 - 243
4 – 16	4 – 64	4 - 256	4 – 1024
5 – 25	5 - 125	5 – 625	5 - 3125
6 – 36	6 – 216	6 – 1296	6 - 7776
7 – 49	7 – 343	7 – 2401	7 - 16807
8 – 64	8 – 512	8 – 4096	8 - 32768
9 – 81	9 – 729	9 – 6561	9 - 59049
10 – 100	**10 – 1000**	**10 – 10000**	**10 - 100000**
11 – 121	11 – 1331	11 – 14641	11 - 161051
12 – 144	12 - 1728	12 – 20736	12 - 248832
13 – 169	13 - 2197	13 – 28561	13 - 371293
14 – 196	14 – 2744	14 – 38416	14 - 537824
15 – 225	15 – 3375	15 – 50625	15 - 759375
16 – 256	16 – 4096	16 – 65536	16 - 1048576
17 – 289	17 – 4913	17 – 83521	17 - 1419857
18 – 324	18 – 5832	18 - 104976	18 - 1889568
19 – 361	19 – 6859	19 – 130321	19 - 2476099
20 – 400	**20 – 8000**	**20 – 160000**	**20 - 3200000**
21 – 441	21 – 9261	21 - 194481	21 - 4084101
22 – 484	22 – 10648	22 – 234256	22 - 5153632
23 – 529	23 – 12167	23 – 279841	23 - 6436343
24 – 576	24 – 13824	24 - 331776	24 - 7962624
25 – 625	25 – 15625	25 – 390625	25 - 9765625
26 – 676	26 – 17576	26 – 456976	26 - 11881376
27 – 729	27 – 19683	27 – 531441	27 - 13348907
28 – 784	28 – 21952	28 – 614656	28 - 17210368
29 – 841	29 – 24389	29 – 707181	29 - 20511149
30 – 900	**30 – 27000**	**30 - 810000**	**30 – 24300000**

RADICI. RIDUZIONE ALLA <u>MINIMA COMUNE DISTANZA</u> (MCD)

MCD radice quadrata = 2
MCD radice cubica= 6
MCD radice quarta=24
MCD radice quinta = 120

OSSERVAZIONE DIRETTA

Riduzione alla minima distanza – Radice quadrata (da 1 a 10)

radice quad.	radice cubica	radice quarta	radice quinta
1 – 1	1 - 1	1 – 1	1 - 1
2 – 4	2 – 8	2 – 16	2 - 32
3 – 9	3 - 27	3 – 81	3 - 243
4 – 16	4 – 64	4 - 256	4 – 1024
5 – 25	5 - 125	5 – 625	5 - 3125
6 – 36	6 – 216	6 – 1296	6 - 7776
7 – 49	7 – 343	7 – 2401	7 - 16807
8 – 64	8 – 512	8 – 4096	8 - 32768
9 – 81	9 – 729	9 – 6561	9 - 59049
10 – 100	**10 – 1000**	**10 – 10000**	**10 - 100000**
11 – 121	11 – 1331	11 – 14641	11 - 161051
12 – 144	12 – 1728	12 – 20736	12 - 248832
13 – 169	13 – 2197	13 – 28561	13 - 371293
14 – 196	14 – 2744	14 – 38416	14 - 537824
15 – 225	15 – 3375	15 – 50625	15 - 759375
16 – 256	16 – 4096	16 – 65536	16 - 1048576
17 – 289	17 – 4913	17 – 83521	17 - 1419857
18 – 324	18 – 5832	18 - 104976	18 - 1889568
19 – 361	19 – 6859	19 – 130321	19 - 2476099
20 – 400	**20 – 8000**	**20 – 160000**	**20 - 3200000**
21 – 441	21 – 9261	21 - 194481	21 - 4084101
22 – 484	22 – 1064	22 – 234256	22 - 5153632
23 – 529	23 – 1216	23 - 279841	23 - 6436343
24 – 576	24 – 1382	24 - 331776	24 - 7962624
25 – 625	25 – 1562	25 – 390625	25 - 9765625

26 – 676	26 – 1757	26 – 456976	26 - 11881376
27 – 729	27 – 1968	27 – 531441	27 - 13348907
28 – 784	28 – 2195	28 – 614656	28 - 17210368
29 – 841	29 – 2438	29 – 707181	29 - 20511149
30 – 900	**30 – 2700**	**30 - 810000**	**30 - 24300000**

1	4	9	16	25	36	49	64	81	100
	3	5	7	9	11	13	15	17	19
		2	**2**	**2**	**2**	**2**	**2**	**2**	**2**

MCD radice quadrata = 2

Riduzione alla minima distanza – Radice cubica (da 1 a 10)

radice quad.	radice cubica	radice quarta	radice quinta
1 – 1	1 - 1	1 – 1	1 - 1
2 – 4	2 – 8	2 – 16	2 - 32
3 – 9	3 - 27	3 – 81	3 - 243
4 – 16	4 – 64	4 - 256	4 – 1024
5 – 25	5 - 125	5 – 625	5 - 3125
6 – 36	6 – 216	6 – 1296	6 - 7776
7 – 49	7 – 343	7 – 2401	7 - 16807
8 – 64	8 – 512	8 – 4096	8 - 32768
9 – 81	9 – 729	9 – 6561	9 - 59049
10 – 100	**10 – 1000**	**10 – 10000**	**10 - 100000**
11 – 121	11 – 1331	11 – 14641	11 - 161051
12 – 144	12 – 1728	12 – 20736	12 - 248832
13 – 169	13 – 2197	13 – 28561	13 - 371293
14 – 196	14 – 2744	14 – 38416	14 - 537824
15 – 225	15 – 3375	15 – 50625	15 - 759375
16 – 256	16 – 4096	16 – 65536	16 - 1048576
17 – 289	17 – 4913	17 – 83521	17 - 1419857
18 – 324	18 – 5832	18 - 104976	18 - 1889568
19 – 361	19 – 6859	19 – 130321	19 - 2476099

20 – 400	20 – 8000	20 – 160000	20 - 3200000
21 – 441	21 – 9261	21 - 194481	21 - 4084101
22 – 484	22 – 1064	22 - 234256	22 - 5153632
23 – 529	23 – 1216	23 - 279841	23 - 6436343
24 – 576	24 – 1382	24 - 331776	24 - 7962624
25 – 625	25 – 1562	25 – 390625	25 - 9765625
26 – 676	26 – 1757	26 – 456976	26 - 11881376
27 – 729	27 – 1968	27 – 531441	27 - 13348907
28 – 784	28 – 2195	28 – 614656	28 - 17210368
29 – 841	29 – 2438	29 – 707181	29 - 20511149
30 – 900	30 – 2700	30 - 810000	30 - 24300000

1	8	27	64	125	216	343	512	729	1000

7	19	37	61	91	127	169	217	271

12	18	24	30	36	42	48	54	(div. per 3)

6	6	6	6	6	6	6	(div per 3)

MCD radice cubica= 6

Nella riduzione alla M.C.D. delle radici cubiche sono presenti successioni di numeri div. per 3

Riduzione alla minima distanza – Radice quarta (da 1 a 10)

radice quad.	radice cubica	radice quarta	radice quinta
1 – 1	1 - 1	1 – 1	1 - 1
2 – 4	2 – 8	2 – 16	2 - 32
3 – 9	3 - 27	3 – 81	3 - 243
4 – 16	4 – 64	4 - 256	4 – 1024
5 – 25	5 - 125	5 – 625	5 - 3125

6 – 36	6 – 216	6 – 1296	6 - 7776
7 – 49	7 – 343	7 – 2401	7 - 16807
8 – 64	8 – 512	8 – 4096	8 - 32768
9 – 81	9 – 729	9 – 6561	9 - 59049
10 – 100	**10 – 1000**	**10 – 10000**	**10 - 100000**
11 – 121	11 – 1331	11 – 14641	11 - 161051
12 – 144	12 – 1728	12 – 20736	12 - 248832
13 – 169	13 – 2197	13 – 28561	13 - 371293
14 – 196	14 – 2744	14 – 38416	14 - 537824
15 – 225	15 – 3375	15 – 50625	15 - 759375
16 – 256	16 – 4096	16 – 65536	16 - 1048576
17 – 289	17 – 4913	17 – 83521	17 - 1419857
18 – 324	18 – 5832	18 - 104976	18 - 1889568
19 – 361	19 – 6859	19 – 130321	19 - 2476099
20 – 400	**20 – 8000**	**20 – 160000**	**20 - 3200000**
21 – 441	21 – 9261	21 - 194481	21 - 4084101
22 – 484	22 – 1064	22 - 234256	22 - 5153632
23 – 529	23 – 1216	23 - 279841	23 - 6436343
24 – 576	24 – 1382	24 - 331776	24 - 7962624
25 – 625	25 – 1562	25 – 390625	25 - 9765625
26 – 676	26 – 1757	26 – 456976	26 - 11881376
27 – 729	27 – 1968	27 – 531441	27 - 13348907
28 – 784	28 – 2195	28 – 614656	28 - 17210368
29 – 841	29 – 2438	29 – 707181	29 - 20511149
30 – 900	**30 – 2700**	**30 - 810000**	**30 - 24300000**

1   16   81   256   625   1296   2401   4096   4561   10000

15   65   175   369   671   1105   1695   2465   3439

50   110   194   302   434   590   770   974

60   84   108   132   156   180   204 (div. per 3)

24   **24**   **24**   **24**   **24**   **24**   (div. per 3)

MCD radice quarta=24

**Nella riduzione alla M.C.D. delle radici quarte sono presenti successioni di
numeri div. per 3**

Riduzione alla minima distanza – Radice quinta (da 1 a 10)

radice quad.	radice cubica	radice quarta	radice quinta
1 – 1	1 - 1	1 – 1	1 - 1
2 – 4	2 – 8	2 – 16	2 - 32
3 – 9	3 - 27	3 – 81	3 - 243
4 – 16	4 – 64	4 - 256	4 – 1024
5 – 25	5 - 125	5 – 625	5 - 3125
6 – 36	6 – 216	6 – 1296	6 - 7776
7 – 49	7 – 343	7 – 2401	7 - 16807
8 – 64	8 – 512	8 – 4096	8 - 32768
9 – 81	9 – 729	9 – 6561	9 - 59049
10 – 100	**10 – 1000**	**10 – 10000**	**10 - 100000**
11 – 121	11 – 1331	11 – 14641	11 - 161051
12 – 144	12 – 1728	12 – 20736	12 - 248832
13 – 169	13 – 2197	13 – 28561	13 - 371293
14 – 196	14 – 2744	14 – 38416	14 - 537824
15 – 225	15 – 3375	15 – 50625	15 - 759375
16 – 256	16 – 4096	16 – 65536	16 - 1048576
17 – 289	17 – 4913	17 – 83521	17 - 1419857
18 – 324	18 – 5832	18 - 104976	18 - 1889568
19 – 361	19 – 6859	19 – 130321	19 - 2476099
20 – 400	**20 – 8000**	**20 – 160000**	**20 - 3200000**
21 – 441	21 – 9261	21 - 194481	21 - 4084101
22 – 484	22 – 1064	22 - 234256	22 - 5153632
23 – 529	23 – 1216	23 - 279841	23 - 6436343
24 – 576	24 – 1382	24 - 331776	24 - 7962624
25 – 625	25 – 1562	25 – 390625	25 - 9765625
26 – 676	26 – 1757	26 – 456976	26 - 11881376
27 – 729	27 – 1968	27 – 531441	27 - 13348907

28 – 784	28 – 2195	28 - 614656	28 - 17210368
29 – 841	29 – 2438	29 – 707181	29 - 20511149
30 – 900	**30 – 2700**	**30 - 810000**	**30 - 24300000**

1	32	243	1024	3125	7776	16807	32768	59049	100000
31	211	781	2101	4651	9031	15161	26281	40951	
	180	570	1320	2550	4380	6930	10320	14670	(div. per 3)
		390	750	1230	1830	2550	3390	4350	(div. per 3)
			360	480	600	720	840	960	
			120	**120**	**120**	**120**	**120**		

MCD radice quinta = 120

Nella riduzione alla M.C.D. delle radici quinte sono presenti successioni di numeri div. per 3.

Conclusioni. Riduzione alla M.C.D. di prodotti di numeri e di radici

Riduzione alla Minima Comune Distanza di prodotti di numeri consecutivi. Divisibilità.

La distanza tra prodotti è un numero fisso, direttamente proporzionato alla quantità di fattori presenti nel prodotto.
Tranne il prodotto di due numeri consecutivi, tutti gli altri prodotti di numeri consecutivi risultano divisibili per 3.
Le distanze tra prodotti di numeri consecutivi sono:
prodotti di 2 numeri consecutivi – distanza 8
prodotti di 3 numeri consecutivi – distanza 162
prodotti di 4 numeri consecutivi – distanza 6.144
prodotti di 5 numeri consecutivi – distanza 375.000
prodotti di 6 numeri consecutive – distanza 33.592.320
prodotti di 7 numeri consecutive – distanza 4.150.656.720

Riduzione alla Minima Comune Distanza delle radici

178

MCD radice quadrata = 2
MCD radice cubica= 6
MCD radice quarta=24
MCD radice quinta = 120

Tranne la minima distanza della radice quadrata tutte le altre distanze risultano un numero div. per 3.

Finito di stampare nel mese di Novembre 2018
per conto di Youcanprint *Self-Publishing*

9 788882 785626